AF357945

INSTRUCTION

SUR LA CULTURE

DES ABEILLES,

INDIQUANT

LES MOYENS ÉPROUVÉS PAR UNE LONGUE EXPÉRIENCE POUR VEILLER A LEUR CONSERVATION, OBTENIR DES PRODUITS ANNUELS ET PÉRIODIQUES, FAIRE DES ESSAIMS DE CIRE, DE MIEL PUR SANS MÉLANGE DE MORCEAU NI COUVAIN, ET N'ÊTRE POINT IMPORTUNÉ PAR CES INSECTES EN OPÉRANT.

(Ornée de 2 grandes Planches gravées sur cuivre.)

Par M. Gertin,

MEMBRE CORRESPONDANT DE LA SOCIÉTÉ D'AGRICULTURE DU DÉPARTEMENT DE LOIR-ET-CHER, DE LA SOCIÉTÉ POLYTECHNIQUE, ET CULTIVATEUR D'ABEILLES.

Prix 2 fr. pour Paris, et 2 fr. 50 c. pour les Départemens.

PARIS,

AU BUREAU DE LA SOCIÉTÉ POLYTECHNIQUE,

RUE NEUVE-DES-CAPUCINES, N° 13 BIS.

1836

SOCIÉTÉ POLYTECHNIQUE PRATIQU..

FONDÉE, A PARIS, PAR D'ANCIENS ÉLÈVES DE L'ÉCOLE POLYTECHNIQUE,
POUR CONTRIBUER AUX PROGRÈS DES SCIENCES ET DES ARTS UTILES,
ET SATISFAIRE AUX BESOINS INDUSTRIELS, AGRICOLES ET COMMERCIAUX.

§. 1. *But et attributions de la Société.*

(Elle est entièrement étrangère à tout objet politique.)

1° Constater l'état de toutes les découvertes et des procédés utiles, et indiquer surtout ceux qui sont d'un usage pratique;

2° Faire exécuter les commandes de toutes natures que les industriels, les agronomes, les artistes, les propriétaires, les étrangers, etc., peuvent adresser, de tous les pays, à la Société, pour avoir des machines, des instrumens, des recettes, indiqués par les plus habiles mécaniciens ou ingénieurs, et au meilleur marché possible;

3° Se charger de diriger et de surveiller l'exécution de ces divers travaux et s'en rendre responsable, jusqu'à l'époque où les objets sont remis entre les mains des fondés de pouvoir ou expédiés pour les localités désignées.

4° Procurer pour diverses industries et pour envoyer dans les départemens ou en pays étrangers, les ingénieurs, les mécaniciens, les contre-maîtres ou les ouvriers dont on peut avoir besoin;

5° Fournir ou procurer sur tous les objets concernant l'industrie, l'agriculture ou le commerce, tous les renseignemens qu'il est possible de donner, et cela moyennant une rétribution modérée;

6° Prendre en France et dans tous les pays étrangers (et particulièrement en Angleterre) tous les brevets ou cavéats, et fournir aux industriels les moyens de vendre leurs brevets;

7° Se charger de suivre les procès que des brevetés peuvent avoir entre eux;

8° Rédiger tous mémoires, notes, plans et dessins, etc., sur les inventions, les machines et les procédés qu'on veut faire connaître ou livrer à l'impression;

9° Procurer aux industriels des *dépositaires* ou des hommes de confiance qui se chargent à Paris de diriger et de surveiller les entrepôts d'objets industriels;

Telles sont les principales attributions de la Société.

§. 2. *Annales de la Société Polytechnique.*

1° La Société publie ses travaux dans les Annales, et en fait connaître la marche et les résultats.

On y insère les mémoires, découvertes, expériences rédigés ou faites par les élèves de l'École Polytechnique, ou par les correspondans de la Société, ainsi que la biographie spéciale de tous les élèves.

12 Livraisons avec des planches gravées coûtent, pour Paris, 6 fr.; pour les départemens, 9 fr., et pour l'étranger, 12 fr.

Lorsqu'on veut y joindre le *Recueil industriel... et des Beaux-Arts*, et les *Annales de Statistique*, le prix des 3 journaux réunis est, pour Paris, 30 fr.; pour les départemens, 36 fr., et pour l'étranger, 42 fr. (chacun de ces 3 journaux a une pagination séparée).

INSTRUCTION

SUR LA CULTURE

DES ABEILLES,

INDIQUANT

LES MOYENS ÉPROUVÉS PAR UNE LONGUE EXPÉRIENCE POUR
VEILLER A LEUR CONSERVATION, OBTENIR DES PRODUITS
ANNUELS ET PÉRIODIQUES, FAIRE LES RÉCOLTES DE CIRE,
DE MIEL PUR SANS MÉLANGE DE MOUCHES NI COUVAIN, ET
N'ÊTRE POINT IMPORTUNÉ PAR CES INSECTES EN OPÉRANT.

PAR M. BERTIN,

Membre correspondant de la Société d'Agriculture du département de
Loir-et-Cher, de la Société Polytechnique, et cultivateur d'abeilles.

INTRODUCTION.

Depuis l'antiquité la plus reculée, la culture
des abeilles a fixé l'attention des observateurs et
des agronomes. Plusieurs, parmi les premiers,
séduits par l'instinct presque surnaturel de ces
insectes, se sont livrés par enthousiasme à des
fictions qu'ils ont pris pour des réalités; delà sont
venus les usages ridicules de leur faire porter le
deuil, lorsqu'il est décédé quelque parent du
propriétaire, de ne point proférer de jurement

en leur présence, de faire un carillon sur des poêles ou des chaudrons pour les faire fixer à une branche d'arbre, de ne vouloir pas vendre une ruche, dans la persuasion que les autres mourront dans l'année, et mille autres chimères dont se bercent les habitans des campagnes, suivant les localités. Les savans observateurs du siècle dernier, tels que les *Réaumur*, *Duhamel*, *Valmont de Beaumar*, et, plus récemment, MM. *Hubert*, de Genève ; *Paleteau*, *Duchet*, *Lombard*, de Paris ; *Ducouëdic*, de Bretagne ; *Beaunier*, de Vendôme, et autres, ont su, par leurs investigations, distinguer le vrai merveilleux et rejeter les fables qui s'y étaient introduites.

Les agronomes, moins portés aux observations scientifiques qu'à leurs intérêts pécuniaires, ont toujours regardé cette branche de l'économie rurale comme avantageuse, même dans ses moindres succès, en raison du peu de dépense qu'elle nécessite ; ils ont dit : Lorsqu'on ne réussit pas, ce n'est pas perdre, c'est simplement manquer à gagner ; dans les années heureuses tout est profit. Sans les méthodes plus ou moins vicieuses employées par les habitans des campagnes, les résultats seraient beaucoup plus avantageux, et cette branche de culture, qui est à la portée du pauvre, pourrait lui fournir des ressources personnelles et être plus utiles à l'Etat, en remplaçant par les cires indigènes, l'importation qui se fait annuellement des cires de Russie et autres.

La plus pernicieuse de toutes les méthodes,

et malheureusement la plus employée en France et dans d'autres Etats de l'Europe, est celle de détruire les abeilles pour s'emparer de leurs dépouilles; non seulement la raison y répugne, mais l'intérêt du propriétaire s'y trouve compromis. En détruisant une ruche pour la récolter, vous perdez souvent un ou deux essaims qu'elle aurait donnés dans l'année; mais comme c'est toujours une des plus fortes que l'on soumet à cette opération, on tue souvent celle qui aurait résisté à un hiver rigoureux; on garde les faibles qui périssent dans ce même hiver, et voilà comme un rucher se perd par la faute de n'avoir su conserver une ou deux ruches qui l'auraient remonté. Je prouverai encore que l'intérêt pécuniaire est mal conçu dans cette opération. Les ruches que l'on sacrifie ont ordinairement trois ans d'existence sans qu'on en ait rien tiré que des essaims; on en peut obtenir de chacune 20 livres de cire et miel; les mêmes que j'aurais cultivées d'après mes procédés auraient fourni avec les essaims au moins 10 fr. par an, et souvent plus, sans nuire aux mouches.

Dans quelques contrées on emploie un moyen moins barbare, mais qui, le plus souvent, amène le même résultat. On chasse les mouches, c'est-à-dire, on fait passer les abeilles d'une ruche pleine dans une vide, pour récolter tout ce qui se trouve dans la première. Cette opération se fait ordinairement à la mi-juillet, après la saison des essaims. Dans les pays où l'on cultive le sarrasin, elle réussit souvent, mais dans ceux (et c'est le plus grand nombre) où il n'est pas cultivé, les mouches périssent pendant l'hiver suivant, parce que la campagne ne fournit plus à cette époque une assez grande abondance de fleurs pour leurs provisions de six mois.

Dans d'autres localités on *châtre* les ruches; cette opération se fait de deux manières. La première consiste à verser la ruche sur le côté après avoir enfumé les mouches pour les faire monter au sommet, et de détacher avec un instrument tranchant, le tiers environ des provisions dont on s'empare. Cette opération ne se fait pas sans qu'on soit fortement tourmenté et piqué par les abeilles qui défendent leur couvain qui n'est pas éclos; d'un autre côté la récolte est peu abondante, parce que la plus grande quantité de miel est dans le haut de la ruche où l'on ne peut l'atteindre, et que la plupart des gâteaux du bas ne contiennent que de la cire et peu de miel. Ce procédé fait périr un tiers des mouches par la rupture des gâteaux restans dans la ruche, qui laissent dégoutter le miel abondamment, et qui, tombant sur les abeilles, les engluent et les noient.

La seconde manière, moins nuisible que la première, se fait en couchant la ruche sur le côté, après l'avoir enfumée, et en détachant la moitié des gâteaux du haut en bas, et laissant l'autre moitié pour subir la même opération l'année suivante, et ainsi de suite d'année en année.

Par ce moyen on détruit moins de mouches, parce qu'on ne tranche pas les gâteaux, mais on détruit toujours la moitié du couvain, et il est rare que les ruches ainsi traitées fournissent des essaims. Ces deux opérations se font dans les beaux jours du mois de mars ou au plus tard au commencement d'avril.

Ces moyens sont tous imparfaits et laissent beaucoup à désirer; aussi tous les cultivateurs qui en font usage, conviennent-ils que lorsqu'ils ne tuent pas leurs mouches, ils en massacrent une partie malgré eux lorsqu'il faut les récolter: tous les vices de ces différentes méthodes remontent à la même source, qui provient de la confection des ruches en forme de cloches, généralement adoptée dans les campagnes; ne s'y trouvant qu'une seule ouverture, on est forcé de faire les récoltes par le bas, tandis que l'instinct des abeilles dans leurs travaux, indique qu'il faut s'emparer de leur superflu par le haut, qui est toujours la première partie qu'elles abandonnent.

Pour se convaincre de cette nécessité, il ne faut que suivre et observer une peuplade d'abeilles livrée à elle-même. Un essaim part-il d'une ruche sans être recueilli? il se dirige ordinairement vers des bois ou des arbres; s'il ne peut trouver un creusé par accident ou vétusté, c'est toujours celui qu'il choisit pour sa résidence. Aussitôt qu'il a trouvé une issue pour communiquer à l'intérieur, il s'y introduit, monte au plus haut de l'excavation et y commence ses travaux qu'il continue toujours en descendant. Sa première opération est de nettoyer la voûte et les parois de sa demeure, d'en chasser les araignées, les insectes nuisibles et toutes les parties hétérogènes que ses forces lui permettent de porter dehors; les abeilles ouvrières enduisent ensuite les petites fentes ou ouvertures qui peuvent s'y trouver avec une liqueur gommeuse qu'on nomme *propolis*, qu'elles emploient à calfater leur vaisseau. Ce travail préparatoire achevé, celui des gâteaux de cire commence avec activité pour offrir à la reine le plus grand nombre possible d'alvéoles, et dans le délai de trois jours il s'en trouve des milliers de construits. La reine ou mère abeille y pond aussitôt autant d'œufs qu'elle trouve de loges vacantes; les ouvrières continuent à faire de nouveaux gâteaux à la suite des précédens, pour une seconde ponte, et lorsque la première sera éclose, les alvéoles qui lui auront tenu lieu de berceau, serviront à emmagasiner les provisions de miel; ainsi de suite se succéderont les constructions et les pontes d'année en année, de manière que la partie haute sera toujours réservée pour le miel, celle du milieu pour le couvain, et celle du bas pour des gâteaux vides préparés pour les pontes à venir.

Ces opérations de la nature nous indiquent que dans nos ruches factices nous devons chercher les moyens de laisser une entrée libre par le bas aux abeilles, et nous réserver la facilité de récolter par le haut le surperflu de leurs provisions, sans leur nuire ni les mettre dans la disette. Sans avoir la vaine prétention d'une invention parfaite, je crois avoir perfectionné ce qui a été fait jusqu'à présent sur ce sujet. L'expérience de dix années de pratique m'a fait faire beaucoup de corrections à mes premiers essais, et j'offre, en définitive, la forme de ruche à laquelle je me suis arrêté, comme la plus convenable à la conservation des abeilles, la plus commode à récolter, la plus facile pour former des essaims artificiellement, et celle qui nécessite le moins de dépense, si on veut la faire soi-même.

Des amateurs éclairés ont reconnu long-temps avant moi les avantages des ruches composées de plusieurs pièces. M. *Gélien*, pasteur aux Verrières, en Suisse, a imaginé sa ruche à deux compartimens perpendiculaires, séparés par une cloison se détachant à volonté. Cette ruche offre des facilités pour faire des essaims artificiels, mais n'en présente aucunes pour la récolte en détruisant la moitié du couvain. M. *Paleteau* a fourni sa ruche à plusieurs hausses superposées les unes sur les autres, laquelle M. *Beaunier*, de Vendôme, a simplifiée et perfectionnée dans son traité pratique sur les abeilles. Ils ont tous deux adopté la forme carrée, en se servant de planches de six lignes d'épaisseur pour faire leurs hausses de chacune trois pouces et demi de hauteur. Cette forme peu avantageuse présente quatre angles à l'intérieur où le papillon de teigne trouve plus d'abri pour déposer ses œufs ; elle est fermée du haut par un couvercle plat qui ne présente aucune pente pour l'écoulement des humidités évaporées par les mouches en hiver. Le bois qu'ils emploient a l'inconvénient de se piquer des vers, de se fendre par les ardeurs du soleil en été, et de prendre l'humidité en hiver ; d'ailleurs sa valeur ne fait qu'augmenter les frais de la ruche sans diminuer ceux du travail. M. *Ducouëdic*, de Redon, en Bretagne, a composé sa ruche pyramidale d'une première partie ronde, et voûtée en paille, et de deux hausses en bois carrées, chacune de dix pouces ou un pied d'élévation, et séparées à chaque jonction par un plancher en bois mince, percé d'un trou d'un pouce et demi de diamètre pour le passage des mouches de la première partie à la dernière. J'ai fait usage de cette ruche pendant cinq ans, et quoique j'aie diminué sa capacité en la réduisant à la forme ronde, je n'ai jamais pu, sur une douzaine de peuplades, en obtenir une seule qui ait étendu ses travaux à la troisième hausse ; alors impossibilité de récolter la première sans y trouver force couvains et sans laisser trop peu de provisions pour l'hiver dans la seconde. Dès la seconde année j'ai reconnu les inconvéniens des planchers qui, retenant les humidités des émanations, formaient une espèce de cloaque dans lequel les mouches mortes entraient en putréfaction et empoisonnaient les vivantes.

9.

M. *Lombard*, dans son Manuel des Propriétaires d'abeilles, donne sa ruche villageoise, qui
est la plus employée parmi les amateurs. Elle
est composée de deux pièces de forme ronde en
rouleaux de paille boudinés, cousus en spirale
avec de l'osier fendu à l'usage des tonneliers. La
partie basse, qui est la principale, a un pied de
diamètre intérieur sur un pied d'élévation, et se
trouve séparée de la seconde par un plancher
intérieur du même diamètre, coupé à six pans
pour laisser aux mouches un passage et faciliter
l'écoulement des eaux le long des parois. La seconde partie, qu'il nomme le chapiteau, est
terminée en voûte surbaissée du même diamètre
et de quatre à cinq pouces d'élévation au centre
intérieur, commençant à un pouce sur les bords.
Sa méthode consiste à enlever tous les ans le chapiteau plein de miel, pour le remplacer par un
vide, que les abeilles remplissent pour l'année
suivante. Ce procédé, fort simple au premier
coup-d'œil, ne satisfait pas entièrement les vues
de la nature. D'abord le chapiteau vide remplaçant l'ancien, qui a été enlevé pour faire la
récolte, force les abeilles à travailler de bas en
haut, ce qui est contraire à leur instinct natu-
rel ; en outre, leur entrée étant par le bas de la
ruche, elles sont contraintes à traverser le premier corps de la ruche qui est plein de gâteaux,
contenant la reine, le couvain et toutes les provisions restantes. Le plus embarrassant est de
savoir que deviendra ce corps principal, qui ne

peut jamais se renouveler, lorsqu'après trois ou quatre ans, les gâteaux étant noirs comme de la suie, se garniront de moisissure et finiront par être infectés des teignes; il faudra transvaser la ruche, opération toujours douteuse, ou elle périra de vétusté.

Je crois avoir paré à la plus grande partie de tous ces inconvéniens par la composition de ma ruche cylindrique; on en trouvera l'explication dans ses plus grands détails au chapitre 3, et je me trouverai heureux si elle peut être reconnue utile et procurer quelques ressources à la classe indigente.

CHAPITRE Ier.

NOTICE SUR LES ABEILLES EN GÉNÉRAL.

Les abeilles par leur forme physique appartiennent à la classe des mouches à quatre ailes, mais elles sont à leur égard comme à celui de tous les insectes, une notabilité si remarquable qu'on devrait les regarder comme une espèce séparée. Elles ont des caractères et des facultés qui n'appartiennent qu'à elles seules dans le règne animal, trois sexes distincts, un seul individu sur vingt mille que l'on nomme reine ou mère abeille, privilégiée pour la propagation et pourvue, par la nature, de cette faculté à l'infini,

jouissant d'une prépondérance sur toute sa race
qui est poussée presqu'à l'adoration par elle.
Douze ou quinze cents mâles ou faux bourdons,
fainéans parasites, condamnés à quatre ou cinq
mois d'existence, temps fixé pour leurs fonctions
de fécondation, et ensuite exterminés par la peuplade, comme des êtres inutiles et dévastateurs.
De quinze à trente mille abeilles ouvrières (suivant la force de la ruche), n'ayant aucun sexe
déterminé, douées par la nature d'un instinct qui
surpasse à beaucoup d'égards celui des quadru-
pèdes les plus intelligens, et d'une ardeur au
travail, qui ne peut être ralentie que par les ri-
gueurs des saisons qui viennent paralyser leurs
forces.

Les moyens de conception de la mère abeille
sont peu connus; quelques observateurs ont
avancé qu'elle est fécondée hors la ruche par la
copulation d'un seul mâle qui peut s'étendre à
toutes les pontes qu'elle doit faire durant sa vie,
ce qui est difficile à croire, parce qu'on a peine
à comprendre comment un accouplement peut
féconder des œufs qui ne seront formés dans l'o-
vaire qu'un ou deux ans après. D'autres ont prétendu que la reine restait vierge toute sa vie;
qu'ayant un ovaire inépuisable, elle déposait autant d'œufs qu'elle trouvait d'alvéoles disponi-
bles, et qu'après la ponte effectuée, les mâles ou
faux bourdons entraient à reculons dans chaque
alvéole, pour y féconder l'œuf déposé par la
reine.

Je me rangerais plutôt à la seconde hypothèse qu'à la première, d'abord parce que je n'ai jamais vu sortir volontairement la reine d'une ruche qu'avec un essaim, ou chassée par la peuplade entière pour n'y plus rentrer. Lorsque cette reine est surnuméraire en second lieu, s'il ne fallait qu'un seul mâle pour la fécondation, la nature n'en ferait pas naître de 1,500 à 2,000 inutilement. Sur ce point, j'abandonne la discussion à des naturalistes beaucoup plus savans et expérimentés que moi : je conjecture et je n'affirme rien. Ce qui n'est pas à révoquer en doute, c'est que l'abeille sort d'un œuf sous la forme d'un très petit ver ou larve, que ce ver se file une coque dans laquelle il se chrysalide en nymphe, et qu'après cette métamorphose, il perce son enveloppe et sort abeille complète. Il est à remarquer que les alvéoles qui contiennent des œufs fécondés sont recouverts, par les ouvrières d'une pellicule de cire bombée à l'extérieur que l'abeille naissante crève à sa sortie.

La reine ou mère abeille, seule et unique de son sexe à la sortie d'un essaim, est remarquable par sa forme allongée de moitié plus que les ouvrières et très peu plus grasse, et particulièrement par ses ailes beaucoup plus courtes qui ne dépassent pas la moitié de son corps, tandis que les autres mouches les portent dans toute sa longueur. Elle est armée d'un aiguillon dont elle se sert rarement, en épiant sa sortie avec un essaim; on peut la saisir sans la serrer, elle ne pique pas : alors on peut diriger l'essaim où l'on veut. Sa seule destination est de pondre pour entretenir et augmenter la population de la colonie, et elle peut étendre cette faculté à des milliers d'œufs par saison. Elle ne sort point de la ruche et y maintient l'ordre et l'harmonie par sa présence. Si elle vient à disparaître, tout est désordre et confusion, à moins qu'une nouvelle reine soit prête à éclore. N'allant point aux champs, les ouvrières pourvoient à tous ses besoins en lui apportant des provisions et en l'enveloppant, lui font un cortège nombreux. Elle ne souffre point d'égale dans ses fonctions royales; lorsque plusieurs reines naissent pour la conduite des essaims, celles qui se trouvent en nombre superflu, sont massacrées avec les faux bourdons. Les alvéoles qui leur ont servi de berceau sont toujours placés sur les bords extérieurs des gâteaux de forme ronde et très allongées et contiennent chacun vingt fois plus de cire que ceux des autres abeilles qui sont exagones. Une remarque certaine, c'est que dans nos ruches factices, les ouvrières détruisent les alvéoles de reine après leur naissance, et que celles qui vont s'établir dans un arbre creux ou la fente d'un rocher ne les détruisent jamais.

Les mâles ou faux bourdons sont les plus volumineux habitans des ruches, et en font à peu près la vingtième partie. Pendant la durée de leur existence, les alvéoles où ils prennent naissance sont d'une grandeur double de ceux des ouvrières, mais de même forme exagone, et employant la moitié ou le tiers de plusieurs gâteaux, sans être jamais mêlés avec les autres. Les faux bourdons se reconnaissent facilement à la grosseur de leur tête, la largeur de leurs ailes, lorsqu'ils sont posés, et plus particulièrement au bruyant bourdonnement qui leur a fait donner leur nom. Ordinairement on commence à les voir voler en se balançant devant l'ouverture des ruches au commencement d'avril, depuis dix heures du matin jusqu'à trois ou quatre heures. Ils ne vont point aux champs butiner, n'apportent point de provisions et vivent aux dépens de la communauté; leur corpulence et leurs fonctions de mâles les disposent à un grand appétit qui mettrait la disette dans la ruche, si leur vie était de longue durée. Pour prévenir cette calamité, l'instinct des ouvrières les porte à les exterminer après le temps de la fécondation, et la nature consentant à cette nécessité a privé les mâles de cette espèce d'aiguillon pour se défendre. Quoique les plus gros, ils sont les moins redoutables, et lorsqu'on sait les distinguer on peut les prendre sans la moindre appréhension. Le massacre des faux bourdons s'effectue par une partie des ouvrières pendant le courant d'août et le commencement de septembre; on trouve à cette époque des jointées de cadavres au bas de l'ouverture des ruches, qui y ont été traînés par les abeilles meurtrières sans que ces scènes sanglantes dérangent en rien les travaux intérieurs. Les abeilles ouvrières qui font la grande majeure partie de la ruche, n'ont point de sexe déterminé; quelques naturalistes prétendent que c'est faute de développement à leur naissance, qu'elles ont l'appendice du sexe féminin, mais que resserrées dans des alvéoles très étroits, leurs facultés sexuelles sont avortées; c'est ce qui a fait dire à plusieurs cultivateurs d'abeilles, qu'une ruche privée de reine pouvait s'en procurer une, en agrandissant un alvéole pourvu d'un œuf d'ouvrière, en traitant ce dernier avec le régime et les soins dus à la reine. Cette privation de sexe ne les dispense pas de l'amour maternel; sans avoir contribué en rien à l'existence du couvain, elles le gardent avec une surveillance assidue, l'enveloppent toutes en le couvrant de leur corps, et le défendent au péril de leur vie, lorsqu'elles le croient attaqué; de là vient que les abeilles sont beaucoup plus méchantes et difficiles à aborder tant que le couvain n'est pas éclos. Dès le lendemain de leur naissance, les abeilles ouvrières vont aux champs commencer ces travaux qui ne doivent finir qu'avec leur vie. Il n'est pas de fleur depuis la plus petite dimension jusqu'à la plus volumineuse, où elles ne puissent trouver le nectar qui renferme les trésors qu'elles seules savent mettre à profit. Leur activité s'étend sur tout, arbres forestiers, arbres à fruit, légumes, potagers, prairies naturelles, artificielles, pelouses, bruyères, tout doit tribut à leurs insatia-

bles recherches, sans que leurs larcins occasion-
nent le moindre préjudice. Il y aurait cent ruches dans le jardin le mieux soigné , quoique les
abeilles aillent butiner sur tous les arbres et toutes les fleurs, on ne cueillera pas un fruit de
moins, et la fleur la plus sucée ne perdra rien
de son éclat.

Les abeilles ouvrières sont pourvues d'un aiguillon dont elles se servent plus souvent pour
se défendre que pour attaquer; si elles se posent
sur vous sans être irritées, elles ne vous pique-
ront pas; soufflez dessus, elles s'en iront; mais
si la peur vous fait faire de grands mouvemens
elles se mettent en colère, et il est alors difficile
d'éviter leur piqûre. Elles ont de plus que les
autres individus de leur espèce, les cuisses de
leurs pattes de derrière aplaties en forme de
spatule, et garnies tout autour de poils redressés,
qui font une espèce de corbeille qui leur sert
à contenir le polen qu'elles ramassent sur les
fleurs; leur ardeur est si grande pour le butin,
que lorsqu'elles en trouvent abondamment et
que leurs palettes sont remplies, elles finissent
par se rouler dans le calice des fleurs, pour en
imprégner tous les poils dont leur corps est couvert. Elles reviennent à la ruche déposer ce pré-
cieux fardeau, et retournent après à une nouvelle curée. En été, cet exercice commence à
quatre heures du matin et ne finit qu'à sept
heures du soir, à moins qu'un nuage orageux
ne l'ait interrompu, ce qu'elles savent parfaite-

ment pressentir, car si le ciel se couvre spontanément, on les voit précipitamment rentrer à la ruche en si grand nombre, que le passage leur devient difficile.

Il ne faut pas croire, cependant, que toutes les ouvrières vont en même temps aux provisions : elles seraient mal nommées ; un nombre à peu près égal reste à l'intérieur de la ruche, occupé à construire des gâteaux, et à les emmagasiner. Ce travail équivaut bien à celui des pourvoyeuses. On voit dans la belle saison un avancement rapide dans les constructions, à l'aide des ruches vitrées recouvertes d'une enveloppe impénétrable à la lumière ; on est à même de se rendre compte du travail journalier. De même que l'on a vu dans des prairies de sainfoin, une ruche augmenter de dix livres de poids en vingt-quatre heures, on a vu des gâteaux s'allonger de six pouces dans une journée. Ce que je dis ici ne peut se rencontrer que dans la saison des grands travaux pour les approvisionnemens, qui commence avec le mois de mai et finit avec le mois de juillet (plus tôt ou plus tard, suivant les différens climats de la France ou de l'étranger). Pendant ces trois mois, les abeilles font toutes les provisions d'hiver ; après, elles ne ramassent plus que pour vivre au jour la journée, mais leur labeur, pendant ce trimestre, peut donner une ruche de 5o à 6o livres.

Quelques enthousiastes ont prétendu que les

abeilles allaient à quatre et six lieues explorer les campagnes; je ne suis pas de leur avis, et je ne crois pas que leurs excursions s'étendent à plus d'une lieue de rayon; autrement il ne serait pas prudent d'acheter des ruches au-delà de cette dernière distance, parce que les mouches retourneraient à leur premier rucher, ce dont je ne me suis jamais aperçu; elles prennent si bien connaissance des lieux, que même dans un établissement de cent ruches, pas une abeille revenant des champs, ne se dirige vers une autre que la sienne, et leur tact est si fin pour se distinguer entre elles, que si une écervelée vient à une peuplade étrangère, elle est aussitôt massacrée. Il en est de même des infirmes, elles n'en souffrent point parmi elles; une aile, une patte de moins les font rejeter par toutes les mouches valides, qui les traînent hors la ruche. Une de leurs grandes perfections est la propreté; elles ne souffrent rien d'impur dans leur manoir et n'y font point d'excrémens, à moins qu'elles ne soient malades de la dyssenterie, ce qui arrive quelquefois au mois d'avril; autrement, dans le temps de forte gelée où elles sont groupées pendant six semaines, on ne voit jamais apparence de déjection. Tous les corps hétérogènes sont traînés par elles hors la ruche, ou si ils sont trop pesans pour leurs forces, tels que limaçons et autres, elles les enduisent de propolis, pour les embaumer et les mettre à l'abri de toute putréfaction.

Rendons grâce à l'auteur de la nature d'avoir réuni tant de perfections dans l'un de ses moindres ouvrages ; puisse-t-il servir d'exemple aux hommes, en leur montrant ce qu'ils pourraient faire avec leurs forces et leur raison ! Que n'ont-ils tous, la sagesse, l'amour du travail, et la persévérance de la simple et vigilante abeille !

CHAPITRE II.

DU RUCHER ET DU NOMBRE DE PEUPLADES QUI PEUT LE COMPOSER.

On nomme *rucher*, le lieu où l'on réunit un nombre de ruches plus ou moins grand, suivant les localités qui peuvent être plus ou moins favorables. On dispose le rucher de deux manières ; couvert ou en plein air. De telle manière qu'on l'établisse, il doit être abrité des vents les plus dominans, et surtout de celui du nord, par un mur de 5 à 6 pieds de hauteur, ou au moins par de forts paillassons fixés sur des pieux solidement enfoncés en terre.

Les ruchers couverts se font en appentis dont le toît peut être incliné par devant où par derrière ; s'il se trouve dans cette dernière direction, il faut, pendant les plus grandes chaleurs, suspendre des paillassons perpendiculairement du faîte du toît, jusqu'à la hauteur du sommet des ruches, pour atténuer la grande ardeur du soleil qui ferait fondre la cire sur le devant ; si la pente du toit est par devant, ils peuvent s'en passer. Le rucher couvert ne présente que le seul avantage de dispenser d'entretenir les ruches de paillassons ou surtouts, qui les mettent à l'abri des pluies, mais c'est un faible dédommagement des inconvéniens qu'il présente. 1° On y est toujours gêné dans les différentes opérations et petits soins que l'on doit donner aux abeilles. 2° Il donne aux papillons de teigne la facilité de s'y loger et d'infecter les ruches de leurs œufs pendans la nuit. 3° Il occasione des dépenses assez fortes sans nécessité.

Le meilleur rucher, à mon avis, serait placé dans une allée de 12 pieds de largeur, tirée de l'est à l'ouest. On y construirait dans le milieu un mur de 5 pieds de hauteur, bien enduit des deux côtés, dans lequel on ménagerait des passages de distance en distance. Du 1ᵉʳ novembre au 1ᵉʳ avril, on placerait les ruches à l'exposition du nord, et du 1ᵉʳ avril au 1ᵉʳ novembre on les reporterait à celle du midi. Les ruches bien peuplées ne craignent pas le froid, et le soleil d'hiver en fait sortir beaucoup de mouches qui périssent; en outre, elles consommeraient beaucoup moins.

Mon rucher est en plein air, à deux pieds en avant d'un mur garni d'un espalier. Les ruches sont également espacées de deux pieds les unes des autres, afin qu'on puisse passer librement entre chacune sans les toucher. On doit toujours y maintenir la propreté, arracher les herbes qui y croissent, auxquelles les mouches se heurteraient en rentrant chargées de butin; veiller à ce qu'il ne s'y loge pas de souris, mulots, crapauds et autres vermines qui sont ennemis des mouches, et autant qu'il est possible qu'il soit peu éloigné d'arbres de moyenne hauteur, pour fixer les essaims à leur sortie.

L'exposition d'un rucher n'est pas indifférente. Dans le nord et les départemens du centre de la France on doit le placer au midi ou au levant d'été; dans les pays méridionaux, l'exposition du levant est préférable. Suivant les différentes localités, il doit toujours être abrité des vents les plus dominans et les plus froids. Quelques propriétaires de ruches sont dans l'usage de rentrer leurs mouches, en hiver, dans des granges ou des greniers : je n'y vois aucune nécessité, parce que de bonnes ruches ne craignent pas les gelées; ce qui le prouve assez, c'est qu'il y en a en Russie beaucoup plus qu'en France, qu'elles sont à même les forêts, et qu'elles résistent aux froids les plus rigoureux; les déranger en hiver leur nuit, en ce que l'ébranlement les désunit et que beaucoup sortent et périssent.

Pour le nombre de vaisseaux dont on peut composer un rucher, il faut consulter les ressources florales du pays à une lieue de rayon, et la nature du sol. Les plus belles situations ne sont ni trop basses ni trop élevées, peu éloignées de bois taillis, de forêts d'arbres verts, principalement près des prairies, des coteaux couverts d'ajoncs, de romarins, de serpolet, de bruyères, quelques ruisseaux, point de grands fleuves. A de pareilles expositions on ne doit pas craindre de multiplier les ruches; trois ou quatre cents pourraient y vivre : alors on peut établir son rucher à deux ou trois rangs, en les espaçant de deux ou trois pieds les uns des autres et en plaçant les ruches en échiquier, c'est-à-dire, celles du second rang vis-à-vis l'entre-deux de celles du premier rang, et même disposition du troisième à l'égard du second. Dans les expositions médiocres, on doit en restreindre le nombre au tiers; dans les mauvaises situations, qui sont les pays arides et sablonneux, sans végétation florale, on ne peut espérer y en conserver qu'un très petit nombre. Les pays de plaine sont peu avantageux, à moins qu'on y cultive le sarrasin ou blé noir, qui produit d'abondantes provisions aux mouches sur l'arrière saison, mais qui donne du miel noir et de mauvaise qualité. Le sainfoin et le safran cultivés en grand, produisent en abondance du miel excellent, mais ces récoltes ne sont pas de longue durée; on peut parer à cet inconvénient en plantant et semant, aux environs du rucher, des plantes et arbrisseaux, qui fleurissent avant et après celles naturelles au pays.

CHAPITRE III.

DE LA RUCHE PERPÉTUELLE.

Les dispositions laborieuses sont si grandes chez les abeilles, que, quelque soit le lieu ou la ruche qui les renferment, elles feront partout de la cire et du miel. Il ne faut cependant pas croire, d'après ce principe général, que tous les vaisseaux (1) destinés à les contenir soient indifférens : les plus convenables à leur conservation sont ceux qui les tiennent le plus chaudement en hiver, qui entretiennent dans la même saison un léger courant d'air pour absorber les vapeurs occasionées par la réunion permanente de la population, et qui offrent le plus de facilités pour récolter leurs productions, sans leur nuire et sans mélange de mouches ni couvain. Tous les véritables amateurs en reconnaissant ces avantages, ont imaginé différentes sortes de ruches pour se les procurer; plusieurs ont obtenu quelques uns de ces résultats sans les réunir tous, et en laissant toujours quelques regrets, soit par la dépense qu'ils entraînent, soit par la difficulté de les mettre en pratique. La ruche

---

(1) On nomme vaisseau le vase destiné à contenir les abeilles; et ruche, le vaisseau plein de mouches avec toutes leurs productions.

que je propose , et dont je me sers de préférence à toute autre, remplit les trois conditions principales , procure des moyens faciles de nourrir les mouches pauvres en hiver, sans les mouvoir, et n'exige que les moindres déboursés, si l'on veut la faire soi-même.

Ma ruche, que je nomme *perpétuelle*, parce qu'elle se renouvelle par quart ou par moitié d'année en année, est composée de quatre cylindres de chacun quatre pouces de hauteur sur un pied de diamètre intérieurement et un pouce d'épaisseur. Chaque cylindre porte cinq petites baguettes rondes ou carrées de quatre lignes de grosseur, enclavées à fleur du rouleau supérieur. Ces baguettes servent aux mouches pour y souder leurs gâteaux , et empêchent qu'ils soient désunis lorsqu'on sépare le premier cylindre pour les récolter. Cette ruche est fermée en haut par un chapeau mobile à volonté, bombé, de deux pouces d'élévation au centre, le tout donnant, lorsqu'elle est complète, un pied six pouces d'élévation. Toutes ces pièces sont faites avec de la paille de seigle boudinée de la grosseur d'un pouce, formant un tissu en spirale, cousu avec de l'osier à lier les cercles de tonneaux. Le chapeau fait de la même manière, se termine au centre par un morceau de bois rond, de quatre pouces de diamètre sur un pouce d'épaisseur, ayant une gorge autour en manière de poulie, pour s'encastrer dans la paille. Ce morceau de bois, que je nomme *évaporatoire*, est percé de trois rangs de trous d'une ligne et demie de grosseur à quatre lignes de distance en tout sens. Le milieu de l'évaporatoire est ouvert d'un trou de quatorze à quinze lignes, taraudé d'un pas de vis pour recevoir la flèche ou poignée de sept à huit pouces de longueur, qui y entre et se trouve retenue par la vis qui est au bout intérieur. Cette flèche, qui se termine en pointe, doit être percée transversalement à un pouce au-dessus de la vis d'un trou de trois lignes, pour y traverser une broche de fer qui aidera à la dévisser, quand les mouches l'auront enduite de cire à l'intérieur. On y fera un autre trou plus petit, à un pouce de la pointe, pour y passer un crochet de fil de fer, qui servira à peser les essaims avec la romaine, le jour de leur réception.

Ces cinq pièces se réuniront par chacune huit petits crochets de fil de fer, à sa partie basse, qui entrent dans autant de petits crampons qui leur correspondent à la partie haute de la pièce du dessous. Tous les cylindres étant faits sur le même moule, et les crochets et crampons placés sur le même calibre, le tout forme un corps uniforme de même grosseur. Cette ruche, qui paraît composée par ces détails, est cependant fort simple dans sa pratique, car elle ne varie que de la réunion de trois cylindres avec son chapeau, à la jonction du quatrième cylindre.

Des quatre cylindres qui composent le corps de la ruche, on n'enlève jamais que le premier avec son chapeau, qui font le quart de sa hauteur à la première récolte, et qui se trouvent les plus remplis de miel et dépourvus de mouches, parce qu'elles sont descendues dans des cylindres inférieurs où elles ont déposé le nouveau couvain, avec les provisions suffisantes pour alimenter les mouches. On doit avoir toujours un chapeau de relai, que l'on applique sur le second cylindre, qui devient le premier, lorsque celui du haut est enlevé; la ruche, réduite à trois cylindres, passe l'hiver dans cet état; au mois de mars on la soulève pour y en adapter un vide par-dessous, et ainsi, le dernier devenant le premier en deux ou trois ans, la ruche se renouvelle d'elle-même, les gâteaux n'ont pas le temps de noircir, on n'y trouve point de miel candi ou grumeleux, et les teignes ont moins de facilité à y propager.

L'évaporatoire qui est au centre du chapeau est destiné à entretenir un courant d'air très nécessaire en hiver, pendant le temps où toutes les mouches étant groupées sans mouvement entre les gâteaux, laissent échapper des émanations qui vont se condenser à la partie supérieure, et qui, faute de pouvoir s'échapper, retombent sur les mouches et mettent une humidité très nuisible à la peuplade. Je sais que le premier soin des abeilles, en commençant leurs travaux, sera de boucher avec de la cire ou de la propolis, tous les trous de l'évaporatoire à l'intérieur; comme il n'y a point à craindre d'humidité pendant la belle saison, on peut les laisser bouchés jusqu'au mois d'octobre, et à cette époque on passe un poinçon dans tous les trous pour les déboucher; les mouches ne les rempliront qu'au printemps suivant, c'est l'affaire de cinq minutes. La flèche à vis a deux objets d'utilité; le premier consiste, lors de la récolte, à déboucher le trou du centre de l'évaporatoire, pour y souffler de la fumée et faire descendre les mouches dans les cylindres inférieurs, s'il en était resté quelques unes dans celui du haut. Le second motif est pour le cas où quelques essaims faibles n'auraient plus de vivres au moment des gelées; quand on leur en présenterait par le bas de la ruche, les mouches ne descendraient pas pour les prendre; alors on dévisse la flèche, on met en place un flacon renversé qu'on a rempli de sirop de miel; en place de bouchon on le ferme avec un morceau de toile doublé et bien ficelé. Les mouches qui se tiennent au haut de la ruche, sucent la liqueur qui suinte à travers la toile et s'en nourrissent. Tous les cylindres réunis doivent être lutés avec du pourget qui se compose de 3/4 bouze de vache mêlée de 1/4 de chaux, ou un peu de terre glaise pour interdire tout passage aux abeilles qui ne doivent entrer et sortir que par une ouverture pratiquée sur le siége ou tablier. La paille est employée de préférence au bois dans la confection de cette ruche, par plusieurs raisons convaincantes. Celles faites en bois, sont toutes de forme carrée, désavantageuse par les angles intérieurs dont s'emparent les papillons de teigne; elles sont beaucoup plus froides que celles de paille, plus sujettes à s'ouvrir par des gerçures et pompant l'humidité. De plus, elles coûtent beaucoup plus, attendu que le bois est plus cher que la paille et que la main-d'œuvre est plus dispendieuse. Si on a le soin d'enduire ces ruches d'une très legère couche de pourget et de les tenir couvertes d'un bon surtout, qui les abrite des pluies, elles peuvent durer vingt ans. Tous ces avantages ne peuvent être appréciés que par les amateurs et cultivateurs d'abeilles, qui se font une jouissance de propager leurs mouches et de manipuler leurs productions; quant aux villageois qui ont des abeilles uniquement pour en vendre deux ou trois vaisseaux tous les ans à des marchands qui les font périr pour avoir toutes les provisions, mes ruches ne leur conviennent point, parce qu'ils ne les vendraient pas plus que les leurs, qui sont moins chères.

CHAPITRE IV.

MANIÈRE DE FAIRE LA RUCHE PERPÉTUELLE.

Instrumens préparatoires.

Pour que toutes les pièces qui composent la ruche perpétuelle soient d'un diamètre égal, afin qu'elles puissent s'adapter et former un seul corps , il faut un moule sur lequel tous les cylindres seront fabriqués. Pour préparer ce moule, on fait avec de la planche d'un pouce d'épaisseur, un plateau rond de seize pouces de diamètre ; on y trace avec un compas, deux cercles, l'un d'un pied de diamètre, l'autre de quatorze pouces. Sur celui d'un pied on prend 36 points égaux à un pouce de distance, on trace autant de rayons transversalement d'un point à celui qui lui est opposé, et on fait une rainure avec une petite gouge sur chaque rayon, de trois pouces de longueur à partir du bord du plateau. On fait avec une mèche de trois lignes cinq trous entre les rayons sur le cercle du dedans, et six , bien vis-à-vis sur celui du dehors, en laissant dépasser à gauche le sixième trou, qui n'a pas de correspondant. En dessous du plateau , on fait une rainure avec la gouge qui joint obliquement le sixième trou du cercle de 14 pouces avec le cinquième du cercle de 12 pouces; de même le 5ᵉ avec le 4ᵉ, le 4ᵉ avec le 3ᵉ, le 3ᵉ avec le 2ᵉ, le 2ᵉ avec le 1ᵉʳ du cercle intérieur. Lorsque tout est ainsi préparé, on fait avec du moyen fil de fer, que l'on ploie en deux brins à deux lignes d'écartement, 24 crampons de 18 lignes de hauteur : on en place 12 sur chaque cercle entre les rayons de trois en trois, en ligne droite d'un cercle à l'autre ; ces crampons doivent être enfoncés dans la planche , à huit lignes de profondeur , et la dépasser de dix lignes par dessus. A l'envers du plateau , après avoir tracé un cercle à 4 pouces du centre, on y fixe un ressort de fil de fer en forme de ∠ (sept couché), dont la tête à gauche doit entrer et sortir librement dans un trou fait exprès au plateau ; ce ressort doit faire le même effet, et être de la même manière que ceux qui sont placés aux manches de parapluies. Le plateau terminé se place sur quatre pieds de 18 à 24 pouces de hauteur, assemblés par quatre traverses en croix, les deux du haut de 14 pouces de longueur placées affleurant les quatre pieds, les deux autres de 16 pouces à quatre pouces du bas des pieds. Sur la croix de l'assemblage supérieur, on fait une rainure correspondant au ressort du plateau, afin qu'il puisse s'y encastrer en tournant et se relever après avoir passé chaque branche de la croix. Le plateau ne doit tenir au pied que par une vis placée au point de centre et enfoncée au milieu de la croix, qui lui laisse la facilité de tourner de gauche à droite, et le ressort l'empêche de revenir de droite à gauche, en s'arrêtant à chaque branche de la croix, par dessous.

Pour faire les chapeaux, il faut avoir un moule postiche, fait d'un cercle de bois, composé de six jantes d'un pouce carré, disposé de la même manière que les deux cercles du plateau avec des rainures et crampons pareils ; toute la différence qui y existera, c'est que les trous perpendiculaires du plateau seront remplacés par six trous horizontaux dans l'épaisseur du bois ; ce cercle sera monté sur six petits bois de quatre pouces de hauteur, qui y seront fixés d'un bout et entreront de l'autre dans six mortaises préparées à cet effet entre les deux lignes circulaires du plateau, de manière qu'on puisse l'y ajouter et l'ôter à volonté.

Pour ferrer les cylindres qui composent la ruche et les chapeaux, il faut avoir un calibre qui se fait avec une planche mince coupée en rond de 14 pouces de diamètre, traversée de huit lignes tracées en noir à huit points égaux pris au compas. Avec ces trois moules de préparation on ferait des milliers de ruches.

Fabrication des Ruches.

Il faut se procurer de la paille de seigle; la plus fine et la plus fraîche est la meilleure; de l'osier à tonnelier, tout fendu, qu'il faut préparer en passant le rabot du côté de la moelle pour l'aplatir en ruban; avoir une gouge de deux lignes qu'on aiguise en pointe sur un grès (1). Après avoir fait tremper l'osier pendant vingt-quatre heures, on commence à en prendre un brin, qu'on passe deux ou trois fois du côté du bois, l'écorce en dehors, sur quelque chose de dur et rond pour le rendre plus liant; on fixe le gros bout dans le premier trou à droite du cercle exté-

---

(1) Je me sers d'une gouge préférablement à un poinçon, en ce qu'elle est un peu aplatie et canaliculée. On perce le rouleau de paille en tenant la gouge sur le plat; on la tourne sur le côté, ce qui écarte les pailles, et la pointe de l'osier rencontre le canal qui lui sert de conducteur.

rieur, en l'y tenant fixé avec une cheville ; on passe l'autre bout dans le trou vis-à-vis, en lui faisant faire un anneau lâche ; on prend une pincée de paille d'à peu près 16 ou 20 brins, on arrache les feuilles mortes, on les réunit par le gros bout et on les bat avec un maillet sur un petit billot que l'on place près de soi ; on place la pincée de paille sous l'anneau d'osier, en lui faisant dépasser de six lignes la rainure à droite ; on serre ensuite l'osier le plus qu'il est possible, on le fait revenir à soi par le second trou à gauche du cercle extérieur, où on l'arrête avec une seconde cheville pour qu'il ne puisse pas lâcher. On prépare le second anneau de même que le premier, pour une seconde pincée de paille, toujours en reculant d'une rainure à gauche. Lorsqu'on a ainsi placé six pincées de paille de droite à gauche, le dernier trou est employé et le rouleau de paille est complet. Il faut avoir le soin de faire passer la paille un peu tordue entre les doubles crampons à chaque fois qu'ils se présentent, et l'y retenir par des aiguilles de fil de fer pointues d'un bout et bouclées de l'autre. Lorsque le sixième trou est atteint par l'osier, on continue le rouleau de paille, en passant le lien dans chaque rainure, et en mettant toujours une aiguille à chaque crampon, jusqu'à ce que l'on rencontre la première pincée de paille (bien entendu que lorsqu'on sent le rouleau de paille diminuer de grosseur, on y en ajoute une nouvelle pincée, toujours battue et nettoyée, ce qui a lieu à peu près à la sixième ou septième rainure); alors on double le second tour sur le premier, en embrassant les deux avec l'osier pour les cinq premières mailles seulement, que l'on fait pour les dernières dans les rainures du plateau; celles-ci passées, on perce bien horizontalement, avec la gouge, le premier rouleau aux deux tiers de sa grosseur, au côté droit de chaque lien d'osier; on serre à chaque maille et l'on continue ainsi en faisant tourner le plateau de gauche à droite, jusqu'à ce qu'on ait atteint la hauteur des quatre pouces justes que doit avoir chaque cylindre de ruche, que l'on doit finir en diminuant la paille, pour que le bord supérieur soit bien de niveau. Lorsque la pièce est finie, on ôte les deux chevilles, on fait sortir des trous l'osier qui y est resté engagé et on l'arrête dans le premier rouleau en l'y faisant passer plusieurs fois ; on retire les aiguilles et l'on ébarbe la paille avec des ciseaux. La pièce est finie. A chaque fois que l'osier finit, on doit l'arrêter en lui faisant traverser le rouleau supérieur; on y en ajoute un nouveau que l'on fait passer de l'extérieur à l'intérieur, sous la dernière maille, et en le faisant retraverser par le bout, de l'intérieur à l'extérieur.

Pour faire les chapeaux, on place leur moule sur le plateau; le premier lien d'osier se fixe dans le premier trou qui est dans l'épaisseur du bois, on l'y retient par une cheville. Le premier tour du rouleau de paille se termine comme il est indiqué au paragraphe précédent ; lorsque les cinq premières mailles sont doublées et serrées ensemble par le lien, on déborde le premier rouleau, en faisant rentrer le second vers le centre ; il faut alors percer la paille du premier tour très obliquement et toujours continuer de même pour donner au chapeau, le moins d'élévation que l'on pourra. On arrêtera le dernier tour de paille en laissant un vide au milieu, de trois pouces et demi de diamètre, destiné à recevoir l'évaporatoire qu'on y fera entrer de force à l'aide d'un morceau de fer plat dont on se servira en manière de lévier, pour forcer la paille à s'écarter, et en même temps on frappera sur le dernier rouleau de paille avec un marteau, pour le faire entrer dans la gorge de l'évaporatoire. Bien fixé, il y tiendra solidement, mais cependant pas assez pour enlever la ruche par la flèche, lorsqu'elle est pleine. Quand on veut les porter ou les soulever, on doit avoir deux poignées en fer à deux branches, terminées par des crochets pointus ; on enfonce les deux pointes de ces crochets dans le second rouleau de paille et on les porte à deux mains.

Il ne reste plus qu'à ferrer toutes les pièces pour les assembler. On se procure pour cela du fil de fer n°. 12 ; on coupe pour chaque cylindre huit bouts de trois pouces et demi pour faire les crampons et huit autres bouts de cinq pouces pour faire les crochets ; avec une pince à pointes rondes, on fait une boule en anneau à

l'une des extrémités de chaque bout de fil de fer
et à ceux destinés aux crochets ; on ploie la boucle sur le côté, au ras de sa jonction qui doit
être bien fermée. On applique le calibre tracé
en noir de huit rayons égaux sur la superficie
supérieure d'un cylindre, on l'y retient fixé
d'une main, et de l'autre on perce le premier
rouleau de paille, avec la gouge, vis-à-vis chaque
rayon du calibre, en le faisant entrer obliquement du bord extérieur de ce rouleau, jusqu'au
commencement du second à l'intérieur; on passe
par le canal de la gouge un fil de fer à crampon,
qui doit dépasser la paille à l'intérieur de trois
ou quatre lignes; quand la boucle est serrée sur
le premier rouleau en dehors, avec un bec de
corbin, on ploie ce qui dépasse de fil de fer à
l'intérieur, de bas en haut; par ce moyen les
crampons tiennent solidement et ne doivent
point avoir de jeu. Quand on a placé de même
les huit crampons, on se sert d'une ficelle avec
un plomb pour mettre les huit crochets bien
perpendiculairement à eux. On enfonce la gouge
sous la ficelle, au quart du second rouleau, par
en bas; on introduit le fil de fer à crochet dans
le canal de la gouge, afin qu'il sorte horizontalement en dehors. Les huit morceaux ainsi placés, on retourne le cylindre de haut en bas; on
coude tous les fils de fer à dix lignes des boucles,
on les tire de force en dehors, de manière qu'ils
présentent la pointe en haut allongée le long du
rouleau : il n'y a plus qu'à les couder de gauche

à droite pour leur faire prendre la forme de crochet, bien à fleur du dernier rouleau.

Les chapeaux se ferrent de la même manière de huit crochets seulement, à la seule différence qu'il faut courber les tiges des crochets par-dessus le rouleau de paille, pour qu'ils puissent se présenter aux crampons du cylindre de dessous.

On fera fort bien, quand chaque pièce sera finie et ferrée, de l'enduire d'une couche très mince de bouze de vache, mêlée d'un quart de chaux éteinte : elle durera plus long-temps ; les joints seront plus hermétiquement fermés et les ruches seront moins pénétrables à l'humidité et aux insectes. Toutes les pièces, après avoir été accrochées, seront bien lutées à leur jonction avec la même composition qui se nomme du pourget.

Les ruches vitrées se font des mêmes proportions et dimensions que celles en paille. Un véritable amateur en doit avoir une ou deux dans son rucher ; leur utilité, non compris l'agrément de voir travailler les mouches, est d'apprécier le travail des ruches de paille ; elles doivent être revêtues d'une tunique en paille boudinée, qui intercepte le jour, sans quoi les mouches couvriraient le verre avec de la propolis.

CHAPITRE V.

DES TABLIERS OU SIÉGES DES RUCHES.

Dans les ruchers, même les plus sains et les mieux tenus, les ruches ne doivent point être posées sur la terre ; il faut qu'elles en soient élevées plus ou moins, suivant le nombre des rangs dont on les compose. C'est encore une fort mauvaise méthode de les placer de suite sur des bancs ou des chantiers, d'abord parce qu'on ne peut tourner librement autour pour les soigner, mais plus encore parce que lorsqu'on touche à une, celles qui l'avoisinent à droite et à gauche sentant l'ébranlement, s'agitent et sortent pour vous piquer ou vous importuner. Il faut, de telles manières que les ruches soient faites, qu'elles aient chacune leur siége, que l'on nomme tablier.

Celui que j'ai inventé pour mes ruches, est une espèce de tabouret rond, de seize pouces de diamètre, ayant par-devant une palette du même bois, de deux pouces de saillie sur quatre pouces de largeur, pour la pose des mouches en sortant et en rentrant. Du bord extérieur de la palette au centre du tablier, est creusée une coulisse de deux pouces et demi de largeur, commençant à six lignes de profondeur et finissant à rien au milieu ; c'est la seule entrée des mouches, mes ruches n'ayant aucune ouverture. Quand je veux les peser ou les déranger pour nettoyer le terrain, je bouche, la veille au soir, toutes les coulisses avec un morceau de bois de leur dimension, qui est toujours accroché à un des pieds, et je ne crains pas qu'elles m'incommodent, parce qu'aucunes mouches ne peuvent sortir ; lorsqu'elles sont remises en place, je retire le morceau de bois pour leur rendre la liberté. La coulisse ayant de la pente à partir du centre, a l'avantage de laisser couler l'humidité intérieure pendant les chaleurs de l'été, et les émanations en hiver. A trois pouces et demi du bord extérieur du tablier, je donne un trait de scie tournante, qui détache du même bois un plateau de neuf pouces de diamètre, qui descend et remonte à volonté, afin de pouvoir placer une assiette contenant du miel, pour nourrir en hiver les mouches qui en ont besoin, sans être obligé d'enlever la ruche ou de la verser de côté, ce qui est toujours nuisible dans cette saison, parce que les mouches se désunissent, et beaucoup étant saisies par le froid, ne peuvent pas remonter et périssent. Ce plateau est retenu par trois gros fils de fer, enfoncés en pieds de marmite dans la partie fixe du tablier, et qui, passant dans trois trous faits au bord du plateau, lui servent de conducteur et l'arrêtent à leur extrémité, où ils sont coudés. Pour l'empêcher de descendre lorsqu'il est remonté, il est attaché au centre du plateau, en dessous, un petit fléau qui s'engage dans deux crochets fixés dessous le tablier, que l'on tourne aisément avec le pouce ; une poignée est placée au centre du plateau, pour le faciliter dans ses mouvemens et l'empêcher de tomber brusquement. Il est nécessaire de graisser avec du suif les conducteurs, pour que le plateau agisse plus facilement. Ce plateau mobile n'est pas indispensable, et même peut nuire dans les localités où le papillon de teigne abonde. On peut simplifier ce tablier en le laissant plein, mais toujours en y incisant la coulisse pour le passage des abeilles. La façon en sera moins chère.

Le tablier est fixé sur quatre pieds de douze pouces de hauteur, tout compris, assemblés par deux traverses en croix, à deux pouces du bas. Les quatre pieds doivent avoir deux pouces d'écartement de plus en bas qu'en haut, pour leur donner plus de solidité contre les efforts du vent. Autour du tablier, dans l'épaisseur du bois, qui doit avoir au moins un pouce, sont enfoncés trois crampons de fort fil de fer, à distances égales, en mettant le premier opposé à la palette ; ces crampons servent à enlever la ruche et le tablier, quand on veut les peser, en défalquant le poids du vaisseau vide et du tablier, que l'on doit connaître ; le surplus donne celui des mouches et des provisions.

On doit avoir soin de calfater tous les joints et les défauts de bois qui peuvent se trouver au tablier, avec un mastic composé de trois parties égales de résine, de cire commune et de blanc d'Espagne, fondues ensemble, et employé encore chaud ; en se refroidissant il acquiert de la dureté et fait corps avec le bois. Cette précaution empêche les insectes nuisibles, tels que les araignées et papillons de teigne, de trouver place où se loger et déposer leurs œufs. Pour conserver les tabliers plus long-temps, on doit toujours poser les quatre pieds sur des calles en brique ou en carreau d'un pouce, pour les isoler de la terre, et l'on peut les peindre à l'huile, en couleur la plus commune, en ayant l'attention de ne s'en servir que lorsqu'ils n'auront plus d'odeur de peinture.

CHAPITRE VI.

DES SURTOUTS OU COUVERTURES DE RUCHES.

Toutes les ruches fixées sur leur tablier, doivent être couvertes d'un surtout de paille de seigle, en forme de flèche de clocher, la paille en long, réunie à la pointe supérieure par de bons liens, et tombant sur l'extérieur de la ruche jusqu'au bord du tablier ; ce surtout doit entrer sur la flèche et être retenu sur la ruche par un cercle qui ceint le tout à six pouces au-dessus du tablier. Pour que la pluie ne puisse pas s'insinuer dans le lien, on le recouvre d'un pot ren-

versé en forme de cône. Avec de bons surtouts,
les ruches ne peuvent jamais mouiller.

Pour faire mes surtouts, je fais cinq poignées
de paille d'au moins 5oo chacune, en réunissant
les épis en tête, chaque poignée liée séparément
avec un bout de ficelle à un pied des épis. Lorsque les cinq poignées sont faites, je les réunis
en mettant tous les épis de niveau. Je prends une
corde de moyenne grosseur, qui a une boucle
d'un bout, et en passant l'autre bout dans la boucle, j'embrasse avec les cinq poignées de paille
à quatre pouces au-dessous des épis; à chaque
tour de corde que je fais en remontant vers les
épis, je serre de la plus grande force du poignet
à l'aide d'un morceau de bois autour duquel je
fais trois tours de corde : lorsque le lien arrive
à un pouce des épis, j'arrête la corde par deux
ou trois tours de nœuds coulans; je prends deux
bouts de 14 pouces de fil de fer n° 15, que je fais
rougir au feu; dans le milieu de la longueur, je
tords un anneau d'un demi tour seulement et de
largeur à y entrer le petit doigt; lorsque les deux
fils de fer sont ainsi préparés, je les place, l'un
touchant au bas du lien de corde, et l'autre au
haut. Je tords les deux bouts au côté opposé à
l'anneau d'un tour entier, ensuite je fais un second demi tour à l'anneau, et je le coupe par le
milieu pour laisser deux bouts au fil de fer que
je redresse avec la pince; je les coude à trois ou
quatre lignes des extrémités, et avec le marteau
je les rabats en descendant pour le lien du bas

et en remontant pour celui du haut, en faisant entrer les pointes coudées dans la paille. Même opération pour le côté par où on a commencé à serrer le lien, et à l'autre pareillement. Quand les deux liens de fer sont terminés, je prends un étui en bois, creusé dans sa longueur de huit pouces, d'un trou commençant à huit lignes et finissant à une, tourné en dehors sur un diamètre de 13 à 14 lignes, à la base d'un rebord de 6 lignes et finissant en pointe; je l'insinue dans l'intérieur du lien entre les cinq poignées qui ne sont point encore déliées, et je le chasse à l'aide d'un morceau de bois, sur lequel je frappe à coups de maillet, jusqu'à ce que le rebord arrive à un pouce du dernier lien. La tête bien liée, je coupe les épis à un travers de doigt au-dessus du lien d'en haut, en formant une houppe ronde, qui doit laisser un peu dépasser la pointe de l'étui; celui-ci doit avoir été percé d'un trou de trois lignes, à un pouce au-dessous de la pointe; on le traverse alors d'une cheville pour l'empêcher de redescendre. Tout ceci fait, on délie les cinq poignées et l'on ôte la corde qui a servi à faire le lien. Si l'on ne prend pas toutes ces précautions, le lien ne sera pas solide, et la paille échappera toujours. Il ne reste plus qu'à couper la paille à la longueur convenable; je donne à mes surtouts deux pieds deux pouces du cercle d'en bas à l'extrémité. Pour les couper également, je serre fortement la paille à un pouce au-dessus de l'endroit fixé, et avec une scie à

très petites dents, je la coupe d'un trait. Le sur•
tout fini se met tremper par la tête, pour faire
gonfler la paille et rouiller les liens qui tiennent
mieux. Lorsqu'il est séché, on peut le mettre
sur la ruche, en faisant entrer la pointe de la
flèche dans l'étui et le cercle par-dessus. Pour
n'être pas obligé de faire des surtouts de différentes longueurs, suivant les ruches qui varient
de trois à quatre cylindres, de l'hiver à l'été, on
leur donne la longueur des quatre cylindres, et
lorsque la ruche est réduite à trois, on ajoute
une hausse de quatre pouces à la flèche par un
morceau de bois creusé qui la recouvre, que l'on
supprime quand on ajoute le quatrième cylindre
au printemps.

CHAPITRE VII.

ACHAT DES RUCHES, LEUR TRANSPORT AU RUCHER,
LES CONDUIRE AU PATURAGE.

Pour monter promptement un rucher, le meilleur moyen est d'acheter des ruches mères, ou
au moins des essaims d'un an; avec une douzaine
de ruches, on peut, en peu d'années, se faire un
rucher assez considérable, par les essaims qu'ils
doivent fournir, soit naturellement, soit artificiellement. Les ruches de deux ou trois ans au
plus, sont préférables aux plus anciennes ou aux
derniers essaims. On doit les choisir dans les

poids de 5o livres et au-dessus; quand on les paierait plus cher, la réussite en est plus assurée, en ce qu'elles contiennent un plus grand nombre d'abeilles, et l'on est toujours indemnisé du prix par les provisions qu'elles contiennent, dont on s'emparera après les avoir fait passer dans la ruche perpétuelle. Une bonne ruche du poids de soixante livres et au-dessus, se paie 20 ou 22 fr. Il faut déduire du poids vingt livres pour le vaisseau, les mouches et le polen; on peut espérer y récolter l'été suivant trente livres de provisions en cire et en miel, qui valent le prix de l'acquisition; au lieu que si l'on achète des ruches dans les poids de trente-cinq à quarante livres, on les paiera moins cher, mais on n'y trouvera pas dix livres de matières hors du dépouillement.

C'est ordinairement au commencement d'octobre que l'on achète les ruches; on pourrait le faire également en mars, mais à cette époque on ne sera plus libre du choix, parce qu'elles seront presque toutes vendues, les propriétaires préférant l'automne pour vendre, attendu que c'est le moment où elles sont plus pesantes, n'y ayant point eu encore de consommation d'hiver. Lorsqu'on veut acheter, il faut se munir du camail, avoir des bottes ou des guétres de drap, des jarretières pour serrer le bas du pantalon sur les bottes, et de bons gants de daim pour braver les piqûres, qui ne peuvent pas vous atteindre. Dans la poche, une romaine à cadran, trois

bouts de corde de deux pieds et demi de longueur, auxquels on fixe trois crochets de fort
fil de fer à l'un des bouts ; ces trois cordes se
réunissent à l'autre extrémité par un nœud d'assemblage, que l'on termine par une boule ou
anneau de la même corde. On parcourt la campagne à au moins une lieue de rayon du rucher
que l'on veut établir, et lorsqu'on trouve des
ruches à vendre, on les pèse, en passant doucement sur place les trois crochets sous les bords
du vaisseau ; on passe le crochet de la romaine
dans la boucle qui est au haut de la corde, et
l'on met un fort bâton dans l'anneau de la romaine, avec lequel deux personnes l'enlèvent
très doucement. Aussitôt qu'elle ne porte plus
sur son siége, l'aiguille de la romaine vous indique son poids : on la repose sans secousses et
l'on procède à une autre. Quand les mouches
seront rassises et tranquilles, on fera bien de
pencher la ruche sur le côté pour examiner si
les gâteaux sont très noirs dans le bas, et si ils
sont attaqués par les teignes, ce que l'on re-
connaît en apercevant des tissus blanchâtres
comme des toiles d'araignée, qui les traversent
et communiquent des uns aux autres : une pa-
reille ruche doit être rejetée. Lorsqu'on a fait
son choix et qu'on est convenu du prix, on
marque la ruche d'une manière quelconque à
la flèche, soit en y faisant des entailles ou en y
mettant un cachet avec de la cire molle, et l'on
doit avoir un livret sur lequel on écrit au crayon

le nom du vendeur et sa résidence, le poids de la ruche et le prix d'achat.

Pour les transporter au rucher, il faut attendre quelques jours de gelée ou de fraîcheur, qui font remonter les abeilles au milieu de la ruche. On porte des toiles qui sont assez grandes pour que les quatre coins couvrent la flèche, et des cordes de longueur à faire deux tours en travers et deux de haut en bas. Quand on est rendu près de la ruche à transporter, on étend la toile sur la terre, le plus près possible; l'acheteur prend la ruche par la flèche et la pose doucement au milieu de la toile; une autre personne rassemble promptement les quatre coins à la flèche, en enveloppant toute la ruche le mieux qu'il est possible, et le premier, avec la corde fait un tour à trois ou quatre pouces du bas du vaisseau, qu'il serre fortement et arrête par un nœud; les mouches se trouvent enfermées, il penche la ruche pour traverser la corde en dessous, croise le premier tour au côté opposé au nœud, fait un second tour de corde à six pouces au-dessus du premier, vient ensuite à la flèche lier les quatre coins de la toile, redescend du côté opposé en croisant toujours la corde à chaque endroit où elle rencontre les tours circulaires, revient une seconde fois par-dessous faire la croix, et remonte terminer le dernier lien à la flèche, où on arrête la corde. Une ruche ainsi enveloppée et liée ne peut laisser échapper aucune mouche, et n'en laisse périr que bien peu.

Pour le transport, de quelque manière qu'on le fasse, on doit tenir les ruches renversées, l'ouverture en haut, afin que les abeilles aient l'air libre et que les gâteaux ne puissent se détacher ou se couvrir les uns les autres, ce qui écraserait les mouches. Si on n'a qu'une ruche, un homme peut la transporter dans une hotte, la flèche au fond; si on en a deux, un âne les porte sur des crochets ou dans des paniers; pour un plus grand nombre on emploie une charrette, en ayant soin de la bien garnir de paille, pour soutenir les ruches de manière que les flèches ne touchent pas au fond de la voiture, et qu'elles ne se touchent pas entre elles. On les lie en les bourrant de paille, et l'on aura l'attention de tenir le cheval au pas et d'éviter les cahots.

Lorsqu'on sera rendu à la destination, on portera les ruches à leur place en les posant telles qu'elles sont sur leur sens ordinaire. Au déclin du jour on déliera les cordes, et si les abeilles ont repris leur tranquillité, une personne passera derrière pour enlever doucement la ruche par la flèche, et une autre par-devant, après avoir rabattu tout au tour, la retirera entièrement par-dessous le vaisseau que l'on reposera définitivement à sa place. On posera dessus un surtout avec un cercle, et dès le lendemain les mouches iront explorer les environs de leur nouvelle demeure.

Dans le nombre des cultivateurs d'abeilles, il en est qui sont dans l'usage de les faire voyager tous les ans pour les conduire au pâturage dans les lieux où l'on fait en grand des prairies artificielles de sainfoin. C'est toujours vers la mi-avril que doit se faire ce transport et le retour, aussi-tôt que le sainfoin est fauché, ce qui comprend un mois d'absence. On s'assure d'avance de quelques fermes ou métairies où l'on puisse les déposer pour la durée du pâturage; on paie ordinaire-ment un franc par ruche, et le fermier est tenu de fournir quelqu'un pour veiller à la sortie des essaims; il est bon de choisir des lieux où il se trouve des arbres, buissons ou haies environnans pour les fixer à leur sortie, et de s'approvision-ner de vaisseaux vides en nombre suffisant. Les dispositions préparatoires sont les mêmes qu'à l'article précédent pour envelopper et lier les ruches; mais la saison étant plus chaude et les mouches plus actives en raison du couvain qui est en plein développement, lorsqu'elles sont sur les charrettes on ne doit marcher que de sept heures du soir à neuf heures du matin, et si le voyage dure plus d'une marche, les remiser ou les tenir à l'ombre toute la journée. Si la saison et la localité sont favorables, les abeilles peuvent faire d'amples provisions pendant ce mois, et l'on peut les récolter au retour, soit en enlevant le premier cylindre avec le chapeau des ruches perpétuelles, soit en transvasant les ruches com-munes; si elles sont rendues au rucher au 15 juin, elles peuvent encore butiner de quoi four-nir une seconde récolte au mois de septembre.

Cette méthode est avantageuse aux propriétaires, mais elle entraîne quelques dépenses et cause beaucoup d'embarras.

CHAPITRE VIII.

DU TRANSVASEMENT.

Moyens pour faire passer les abeilles d'une ruche pleine, de telle forme qu'elle soit, dans une ruche perpétuelle.

Lorsqu'on a acheté en automne des abeilles chez les villageois, elles sont contenues dans des vaisseaux communs. Pour les cultiver de la manière que j'indique, il faut les faire passer dans les ruches perpétuelles où elles resteront indéfiniment. Cette opération doit se faire, après la sortie des essaims vers le 10 de juillet, par un beau temps, le soleil brillant, et depuis huit heures du matin jusqu'à cinq heures du soir, qu'une partie des mouches est occupée à butiner dans les champs. On choisit un endroit couvert et ombragé, à une certaine distance du rucher; il faut deux personnes pour opérer. Les ustensiles nécessaires sont : 1° un tabouret dépaillé; 2° une ceinture faite avec des lisières de drap, cousues ensemble à la largeur de quatre pouces, avec deux ou trois boucles de sellier à un bout et autant de pattes du bout opposé : la longueur doit avoir été prise de manière à faire le tour des ruches ; 3° quatre bâtons de chacun quinze pouces de long et de la grosseur du pouce ; 4° deux poupées ou rouleaux de mauvais linge de la grosseur du bras, bien serrés et cousus d'un bout à l'autre. On a une ruche toute prête, composée de trois cylindres et un chapeau bien accrochés et lutés sur les joints.

Après s'être couvert du camail, avoir mis des bottes ou des guêtres, avoir lié le bas du pantalon par-dessus, et de bons gants, on allume les deux poupées de linge par un bout; il faut qu'elles jettent de la fumée et point de flamme ; on les présente à l'entrée et sous les bords de la ruche que l'on veut transvaser après avoir ôté son surtout ; on se tient au-dessus du vent et on se baisse pour souffler de la fumée dans la ruche. Aussitôt qu'on voit les mouches abandonner les bords pour remonter à l'intérieur, on soulève la ruche de trois à quatre pouces, et l'on place les poupées fumantes dessous, pour forcer les mouches à se retirer dans le haut des gâteaux, ce qui s'annonce par un bruissement subit qu'elles font entendre; après quatre ou cinq minutes, elles y sont rendues. Alors on couche la ruche sur le côté, on met le surtout à sa place, qui servira à recevoir les mouches revenant des champs, et en la tenant d'une main par un bord de l'ouverture et de l'autre par la flèche, et toujours les poupées fumantes, on la porte à l'endroit où est

le vaisseau vide. On la pose l'ouverture en haut
sur le tabouret, en la couvrant de la ruche vide;
la seconde personne met tout de suite la ceinture
sur la jonction des deux ruches; on la serre par
le moyen des pattes de lisière que l'on passe dans
les boucles. Après s'être assuré que les mouches
ne peuvent sortir, on frappe avec deux bâtons,
d'abord à petits coups sur la flèche qui passe sous
le tabouret; peu à peu on augmente le frappe-
ment, ensuite sur la ruche en remontant vers le
centre, et enfin à deux personnes jusqu'à ce qu'on
entende les abeilles bourdonner dans la nouvelle
ruche. Un quart-d'heure après avoir commencé
à frapper, si les mouches font grand bruit en haut,
c'est l'indice qu'il y en a beaucoup qui sont passées; on déboucle la ceinture, on entr'ouvre les
deux ruches; s'il n'y en a que très peu dans la
nouvelle, on les rejoint pour continuer à battre,
mais si on la voit suffisamment garnie, on ôte la
ceinture, on penche la nouvelle ruche sur le
côté en tenant un des bords appuyé sur le bord
de l'ancienne, communiquant aux intervalles des
gâteaux du centre, et de préférence, du côté où
les mouches sortent le plus abondamment. Une
des deux personnes doit tenir la nouvelle ruche
dans cette position, pendant que l'autre continue à frapper sur l'ancienne pour chasser les
mouches restantes. Il est assez amusant de les
voir passer d'une ruche dans l'autre, en mar-
chant très empressées, comme des moutons qui
rentrent à la bergerie; très peu volent au-dessus,

et elles ne cherchent pas ordinairement à piquer. Avec une latte, on écarte un peu, de temps en temps, les gâteaux pour faire sortir les mouches qui sont au fond.

S'il arrivait, ce qui est rare, que les abeilles s'opiniâtrassent à rester dans leur ancienne demeure, c'est qu'il y aurait beaucoup de couvain qu'elles abandonnent difficilement; il faudrait avec une scie, faire une ouverture à la vieille ruche, près la flèche, et y introduire beaucoup de fumée, alors elles n'y résisteront pas et seront forcées de l'évacuer. Lorsqu'elles sont presque toutes passées (car il est bien difficile qu'il n'en reste pas quelques unes), on porte la nouvelle ruche à la place de l'ancienne en mettant dessus son surtout dans lequel on trouve une grande quantité de mouches qui rejoindront leurs compagnes; on l'y laissera sans cercle que l'on ne mettra que le soir. Dès le lendemain matin les abeilles iront aux champs butiner et recommenceront de nouveaux travaux.

On s'empare de la vieille ruche que l'on dépose dans une pièce bien fermée et éloignée du rucher; s'il y est resté quelques mouches, elles en sortiront d'elles-mêmes et iront se fixer aux vitres des croisées; il faut de temps en temps les leur ouvrir et les chasser légèrement avec un plumeau, elles retourneront à leur nouvelle ruche; mais il ne faut pas oublier de refermer promptement la croisée; sans cette précaution, toutes les abeilles du voisinage s'y rendraient pour piller le miel, et il serait bien difficile de s'en débarrasser.

Pour vider les ruches et en extraire le miel et la cire, voyez le douzième chapitre qui traite de cette partie.

CHAPITRE IX.

DES ESSAIMS NATURELS.

La ponte des reines commençant en février donne promptement naissance à un nombreux couvain. Dès la fin de ce mois ou dans le commencement de mars on commence à apercevoir des nymphes échappées de quelques alvéoles, qui tombent sur le tablier ; c'est le signe non équivoque d'une nouvelle population. Elle s'augmente de plus en plus pendant les deux mois suivans, et elle devient si considérable au mois de mai, que les ruches en sont encombrées au point d'avoir peine à la contenir. La chaleur de l'atmosphère croissant chaque jour, les abeilles gênées par leur nombre ne peuvent plus la supporter ; elles finissent par abandonner la ruche natale pour aller ailleurs former une nouvelle colonie : c'est ce qu'on appelle essaimer.

L'époque de la sortie des essaims n'est pas précise ; elle a lieu plutôt ou plus tard, suivant la différence des climats et le développement des chaleurs qui est susceptible de varier; néanmoins, c'est toujours du 10 mai au 15 juin qu'on peut espérer recueillir les premiers. Les signes qui font espérer la sortie des essains, sont : la présence des faux-bourdons devant la ruche, de dix heures du matin à trois heures du soir, une grande activité parmi les ouvrières que l'on voit rentrer des champs chargées de polen à leurs pattes ; souvent un débordement de mouches autour et par-dessous la ruche, ce qu'on appelle *faire la barbe*, et par-dessus tout une rumeur et un bourdonnement extraordinaires de jour et de nuit dans l'intérieur de la ruche. C'est le moment qui exige le plus de surveillance. On doit garder les ruches tous les jours depuis 9 heures du matin jusqu'à 4 heures du soir. Si le temps est orageux, chaud et couvert, un rayon de soleil perçant entre deux nuages détermine souvent le départ d'un essaim. Au bruit tumultueux qui régnait dans la ruche, succède un moment de silence, et peu de mouches paraissent au dehors ; tout-à-coup un nouveau bourdonnement se fait entendre et les abeilles sortent précipitamment et en foule, se répandent au-dessus du rucher à hauteur de 12 à 15 pieds et s'y balancent comme la neige quand elle tombe abondamment. Elles mettent ordinairement un quart-d'heure à se fixer à l'arbre qu'elles choisissent, où elles se rassemblent à une branche d'où elles pendent comme une énorme grappe de raisin. Quelquefois un essaim sort, se balance en l'air et rentre à la ruche, c'est que la reine n'est pas sortie; il faut le surveiller parce qu'il ne manquera pas de sortir de nouveau un ou deux jours après. D'autres fois il se partage en deux groupes; il ne faut pas s'en inquiéter, parce que celui qui est sans reine rejoindra celui qui en a une. Les habitans des campagnes sont dans l'usage, à la sortie des essaims, de faire une espèce de charivari, en frappant sur des poêles ou des chaudrons pour les faire fixer aux arbres. Je crois ce tintamare fort inutile et je ne m'en sers jamais; mais dans le cas où un essaim s'élève trop ou se réunit en l'air et forme une masse qui annonce vouloir fuir au loin, il faut ou lui jeter du sable, ou l'asperger avec de l'eau; le meilleur moyen d'arrêter l'émigration est de tirer un coup de fusil à poudre au milieu de l'essaim, il tombera à terre sur le champ; en le couvrant d'une ruche vide, en l'abritant du soleil avec une toile sur quatre piquets, il y montera de lui-même.

Lorsqu'un essaim est fixé à une branche d'arbre, on prend une échelle double et quelques perches que l'on place autour, et avec des toiles ou des draps mouillés, on forme une espèce de tente pour l'abriter du soleil; sans cela il partirait après s'être reposé. Bien ombragé, il peut y rester une demi journée, mais le plus prudent est de l'enrucher. Pour y procéder, on se revêt du camail; on étend un drap sec ou une toile à terre au-dessous de l'essaim, on prend une ruche composée de trois cylindres ; avant d'y accrocher son chapeau, on le frotte à l'intérieur avec des herbes fortes, telles que mélisse, thym, marjolaine ou romarin ; on le dore avec du miel et on y sème du sel de cuisine broyé, on l'accroche ensuite au premier cylindre et on lute les joints avec du pourget. Le vaisseau ainsi préparé est pesé à la romaine ; on le prend d'une main par la flèche, l'ouverture en haut ; on monte sur une chaise ou une échelle pour en envelopper l'essaim autant qu'il est possible de l'y faire entrer, et de l'autre main, en prenant la branche au-dessus, on donne deux ou trois secousses violentes, qui font tomber l'essaim dans la ruche ; on la descend très doucement en la tenant deux minutes dans la même position, pour donner le temps aux abeilles qui sont tombées pêle-mêle de se remettre sur leurs pattes ; après on renverse lentement la ruche sur le drap qui est étendu à terre ; on place sous le bord du côté opposé au soleil deux pierres ou cales d'un pouce ou deux d'épaisseur, pour laisser de ce côté une entrée par où rentreront toutes les mouches qui n'ont pu entrer dedans en secouant l'essaim : il ne faut pas s'effrayer de voir quelquefois la moitié des mouches sur la toile ou autour de la ruche en dehors ; un quart-d'heure après elles seront toutes rentrées. La ruche doit rester tranquille à l'endroit où l'essaim aura été enruché jusqu'au coucher du soleil ; alors on la repèsera pour connaître le poids des mouches, et on la portera sans secousses sur le tablier qui lui est destiné dans le rucher ; on la couvrira d'un surtout avec son cercle, et le lendemain matin les mouches iront aux champs.

Il y a des essaims qui se fixent autour du tronc des arbres ; alors, ne pouvant les secouer, on prend une poupée allumée et on la présente du côté de l'arbre qui présente le moins de facilités, ou vers l'endroit où les mouches sont moins nombreuses, pour les faire réunir aux autres ; alors on prend un plumeau ou un paquet d'herbes douces, et l'on en chasse dans la ruche le plus grand nombre possible ; en la laissant au bas de l'arbre les autres y entreront. Quand l'essaim s'est placé à une distance qu'on ne peut atteindre, on suspend le vaisseau à une longue perche et on le place au-dessus de l'essaim le plus près qu'il est possible, avec une poupée au bout d'une autre perche ; on l'enfume par-dessous pour le faire monter dans la ruche que l'on descend le soir. On peut encore, si l'on n'ose pas l'enfumer, dans la crainte de le faire partir, suspendre à la perche une grosse éponge bien emprégnée de miel, et la présenter aux mouches qui s'y attacheront pour le sucer ; le soir on les descendra et on coupera la corde pour détacher l'éponge, on la couvrira de la ruche, les abeilles y monteront pendant la nuit ; si le lendemain elles n'étaient pas toutes montées, avec de la fumée au bas de la ruche, on leur ferait abandonner l'éponge. De telle manière que se soit fixé un essaim, avec de l'intelligence et de la patience on finit toujours par s'en emparer.

Les ruches qui ont fourni des premiers essaims, qui sont toujours les meilleurs, peuvent en donner un second au bout de huit jours, qui est encore bon ; un troisième trois jours après celui-ci , et même un quatrième le lendemain du troisième, mais il est rare que ces derniers réussissent. Généralement, tout essaim qui ne pèse pas de trois à quatre livres de mouches, doit être réuni ; pour cela on les reçoit séparément dans des vaisseaux de deux cylindres et un chapeau, et le soir, après le coucher du soleil , on porte devant la ruche à laquelle on veut le réunir, l'essaim faible ; par deux secousses violentes on le fait tomber sur une toile qu'on a placée à terre , et de suite on pose dessus la ruche, il s'y réunit pendant la nuit : le lendemain de grand matin on remet la ruche sur son tablier. On peut en réunir plusieurs à la même ruche , tant qu'elle n'excédera pas huit livres de mouches, et à des intervalles de huit, quinze jours, et même un mois.

Après la sortie des premiers essaims , on est ordinairement averti s'il doit y en avoir d'autres par le chant des jeunes reines, ressemblant à celui de la cigale, qui se fait entendre dès le commencement de la nuit. Généralement, la production des essaims est fort irrégulière ; il est des années où ils donnent à satiété, d'autres où les ruches regorgent d'abeilles , et n'essaiment pas. Je crois que la non réussite peut être attribuée

aux œufs de reine, qui manquent ou ne réussissent pas : on peut y suppléer par les essaims
artificiels.

CHAPITRE X.

DES ESSAIMS ARTIFICIELS.

Manière de les former avec la ruche perpétuelle.

Les essaims artificiels diffèrent peu des essaims
naturels ; comme ces derniers, ils peuvent produire d'autres essaims dans la même année ; les
mouches ont la même ardeur au travail, et à la
fin de la saison on ne les distingue pas des autres.
Les avantages qu'ils présentent sont de dispenser
de les garder, de les faire en temps opportun et
à sa commodité, et d'en obtenir des ruches qui
souvent n'en auraient pas donné. Ils doivent se
faire vers le dix de mai, par un beau temps, et
sur des ruches pleines et bien garnies d'abeilles.
Pour y procéder, la veille au soir, on décroche
le premier cylindre du haut de la ruche ; on fait
tomber le pourget qui la tenait, et avec un
ciseau mince que l'on passe entre les bords du
premier et du second cylindre on brise la propolis que les mouches y ont mise à l'intérieur ;
elles se mettent un peu en émoi, mais elles auront la nuit pour se rasseoir. Le lendemain, sur

les dix heures du matin, on posera le plus loin
du rucher que la localité le permettra un tablier
portant deux cylindres unis sans chapeau. On
apportera près de la ruche à essaimer un chapeau vide, une ou deux poupées allumées, et
on se sera précautionné d'une feuille de zinc de
seize pouces carrés, bordée de trois côtés par
un très gros fil de fer, le quatrième côté limé
en biseau bien tranchant; sur cette feuille aura
été tracé un cercle de quinze pouces de diamètre, où l'on aura fait quatre trous à égales distances. On aura quatre petites chaînettes de fil
de fer, terminées d'un bout par une traverse
mobile retenue par son milieu au dernier anneau
de la chaînette, et de l'autre bout un crochet
coudé à angle droit et très pointu. Deux personnes sont nécessaires pour l'opération; l'une
se tient derrière la ruche pour la soutenir. Après
avoir enfumé la ruche par le bas pour faire monter les mouches, la seconde personne prend la
feuille de zinc, la pose entre les bords que l'on
a détachés la veille, et l'enfonce en poussant de
la poitrine et tenant la ruche à brassée, jusqu'à
ce qu'elle dépasse le bord opposé. Sans rien dé-
sunir encore, on passe la traverse de chaque
chaînette dans chaque trou de la feuille de zinc :
ils doivent se trouver tous en dehors et autour
du cylindre détaché; on tend les quatre chaînettes en piquant les pointes des crochets dans
les rouleaux de paille. Le cylindre contenant les
abeilles, qui doit être enlevé, se trouve fermé

en dessous par le zinc qui y est bien fixé par les chaînettes. La personne qui est derrière la ruche prend le chapeau vide et le coule dessus les cylindres restans , dans l'instant que l'autre retire l'essaim porté par la feuille de zinc. On pose celui-ci à terre pour accrocher et luter le nouveau chapeau , et ensuite on va le porter sur les deux cylindres vides qui sont sur le tablier à l'autre extrémité du jardin ; on retire la feuille de zinc en soufflant un peu de fumée pour en éloigner les mouches ; on l'accroche , on le lute avec du pourget , et l'opération est faite. Si l'ancienne ruche est pleine de gâteaux , on y ajoute un ou deux cylindres par le bas ; elle pourra encore donner des essaims naturels et être récoltée dans l'année. L'essaim que l'on aura tiré d'elle peut aussi en produire un autre naturellement, mais il ne doit être récolté que l'année suivante.

Il peut arriver, ce qui est rare , que la reine ne soit pas montée au cylindre supérieur, quand on a enfumé la ruche , ce que l'on aperçoit une heure après avoir fait l'essaim artificiel, par la rumeur et le désordre qui s'y manifestent ; alors l'essaim est manqué ; il faut le reporter à sa première place en ôtant le chapeau vide ; en retrouvant sa reine tout rentrera dans l'ordre. S'il est bon , quand il ne resterait que peu de mouches dans la vieille ruche , il ne faut pas s'en inquiéter, parce que celles qui sont aux champs et la naissance du couvain l'auront bientôt repeuplée ; il en est de même pour une reine qui ne tardera pas à éclore.

De toutes les formes de ruches inventées jusqu'à présent, il n'en est pas une qui présente autant de facilités et de moyens de réussite pour faire des essaims artificiels que la ruche perpétuelle. Par toutes les autres méthodes, on fait passer l'essaim artificiel dans un vaisseau vide, par le moyen de la fumée ; contrarié par cette marche forcée, et ne trouvant rien qui l'attache à sa nouvelle demeure, il la déserte souvent pour retourner à la mère-ruche, ou aller chercher asile dans les bois. Par le moyen que je pratique, c'est plutôt une ruche dédoublée qu'un essaim forcé. En séparant le premier cylindre, après y avoir fait monter les abeilles, elles y trouvent du miel emmagasiné, du couvain prêt à éclore qui les y attachent, et des gâteaux qu'elles n'ont plus qu'à continuer dans les cylindres vides qu'on y a ajouté. Lorsque l'année n'est pas stérile en fleurs, ces essaims artificiels fournissent de très fortes ruches bien approvisionnées l'année suivante, qui produiront d'abondantes récoltes.

CHAPITRE XI.

DE LA RÉCOLTE OU DÉPOUILLEMENT DES RUCHES.

Tout bon cultivateur d'abeilles doit toujours avoir pour principe qu'on ne doit leur ôter que leur superflu. Il faut qu'elles vivent avant tout du fruit de leur travail, mais leur prévoyance les portant à emmagasiner du miel et de la cire en quantité double de leur consommation, ce serait perte pour le propriétaire de ne pas ôter l'excédant, sans utilité pour les mouches, car le miel abandonné dans les alvéoles s'y candit, et la cire en vieillissant se moisit, et finit par être la pâture des teignes, qui perdent la ruche.

Généralement on peut faire une récolte de cire à la fin de mars, aux ruches dont les gâteaux descendent jusqu'au tablier, en ne retranchant de ces gâteaux que les parties qui ne contiennent ni miel ni couvain ; les abeilles en travailleront avec plus d'ardeur, et le propriétaire peut bénéficier d'une demi-livre par ruche.

Pour cela on enfume et on transporte la ruche ainsi qu'il est expliqué au chapitre du transvasement, et la tenant sur le tabouret percé, l'ouverture en haut, on tranche avec le couteau coudé la cire au quart de la hauteur de la ruche, s'il ne s'y trouve ni couvain ni miel, pendant qu'une äutre personne souffle toujours un peu de fumée tout autour.

On peut récolter les ruches dans deux saisons; en mars, après l'hiver, pour celles qui ne l'auraient pas été à la fin de l'été précédent et qui seraient suffisamment pleines et lourdes et au mois d'août ou de septembre plus généralement. La première de ces époques serait préférable, les mouches n'ayant plus à craindre la disette, si elle ne présentait l'inconvénient de trouver beaucoup de couvain et du miel vieux de l'année précédente; cependant lorsqu'on trouve des ruches pleines jusqu'au bas, et qu'on y aperçoit du miel, on peut s'emparer du cylindre supérieur avec son chapeau et lui en adapter un autre avec deux cylindres vides par en bas; si l'année est favorable, tout sera rempli à la fin de l'été et l'on pourra encore en récolter un autre, à moins qu'on préfère tirer de ces ruches des essaims artificiels : on ne pourrait alors faire qu'une récolte sur la mère-ruche à la fin de l'été.

Pour récolter les ruches perpétuelles, il faut qu'elles soient composées de quatre cylindres, garnis de gâteaux à peu près du haut en bas, afin que lorsqu'on aura enlevé le premier, il reste environ un pied de provisions pour passer l'hiver. Il sera bon de s'assurer par le poids que ces gâteaux contiennent du miel suffisamment, ce qui sera certain si les trois cylindres restans pèsent au moins de 3o à 35 livres; toute ruche qui ne pèse pas plus de 4o livres ne doit pas être récol-

tée en automne. Il n'en est pas de même au printemps; celle qui ne pèserait que trente livres
ne peut subir au mois de mars l'amputation du
premier cylindre, il faut qu'elle en pèse au moins
45, parce qu'à cette époque il y a un nombreux
couvain qui est très lourd.

Lorsqu'on veut récolter des ruches, on les prépare la veille au soir, en décrochant le cylindre
qui doit être enlevé; on en fait tomber le pourget
qui a servi à le luter, et avec un ciseau on le soulève légèrement pour casser la propolis. Le lendemain, de 9 à 10 heures du matin et par un beau
temps, après s'être revêtu du camail, des guêtres
et des gants, on ferme l'entrée des mouches, on
place un tablier postiche derrière la ruche, sur
lequel on pose son surtout; on enlève à deux
personnes la ruche et son tablier, sans les désu-
nir; on les porte sous un ombrage éloigné du
rucher, et là, après les avoir posés à terre, avec
une broche de fer que l'on passe dans le trou
qui a été fait à un pouce de sa base, on dévisse
la flèche; il faut retenir l'évaporatoire par un
morceau de bois dans lequel il y a deux clous
qui le traversent et qui entrent dans deux de ses
trous, pour l'empêcher de tourner dans la paille
du chapeau. Lorsque la flèche est ôtée, on souffle
de la fumée à plusieurs reprises pour faire descendre les abeilles dans le bas de la ruche; et
quand on les y croit rendues, une personne soulève un peu les bords du cylindre supérieur avec
deux petits coins de bois, et l'autre insinuant la

feuille de zinc dans l'ouverture, en attaquant les gâteaux par leurs bords et non par leurs faces, tranche d'un trait en poussant la feuille dans tout le travers de la ruche, pour séparer le premier cylindre des autres. Avant de l'enlever, la personne qui tenait les coins, prend un chapeau vide qu'elle doit avoir à sa portée, et dans l'instant que l'autre retire le cylindre séparé, elle le pose à sa place en faisant rencontrer les crochets vis-à-vis des crampons de celui du dessous; on les accroche et on lute le joint de suite avec du pourget. On reporte la ruche à sa place, de la même manière qu'on l'en a retirée; on lui rend son surtout sans y mettre de cercle, parce qu'il s'y est rassemblé beaucoup de mouches venant des champs, et on rend la liberté aux abeilles. Le soir, lorsque les mouches seront tranquilles, on posera le cercle du surtout et on laissera les ruches passer l'hiver dans le même état, avec trois cylindres et le chapeau. Il sera nécessaire alors d'ajouter une hausse de quatre pouces à la flèche du nouveau chapeau, pour que le surtout ne dépasse pas le tablier.

La partie pleine de miel qui a été détachée sera portée dans un laboratoire ou une pièce bien close; s'il y restait quelques mouches, elles en sortiraient bientôt pour se fixer aux vîtres des croisées, qu'on leur ouvrira de temps en temps pour qu'elles aillent rejoindre leur ruche et qu'on refermera à chaque fois pour empêcher les mouches du dehors d'entrer. Le plus tôt possible on

les videra, comme il est indiqué au chapitre
suivant.

CHAPITRE XII.

DE LA MANIPULATION DU MIEL.

Il faut, pour la manipulation du miel, des
instrumens et ustensiles particuliers : deux instrumens tranchans d'un pied de long à quinze
pouces, le manche compris: le premier, de la
forme d'une petite bêche, d'un pouce et demi de
largeur, coupant des trois côtés; le second, terminé par une lame de lancette, saillante et cour-
bée à angle droit, d'un pouce et demi de longueur sur six lignes de largeur, vers sa tige,
finissant en pointe et coupant des deux côtés;
plusieurs baquets de sapin ou autre bois blanc;
des terrines ou grands vases en terre vernissés;
des tamis, les plus grands possibles, en forte
toile de crin, barrés en croix par-dessous. Lorsqu'on fait du miel en grande quantité, on rem-
place les tamis par des mannes d'osier blanc, à
claire-voie, au fond desquelles on assujettit un
fort canevas à faire de la tapisserie. On prépare
des pots de grès pour mettre le miel, ou des
barrils à en contenir cent livres, si on opère en
grand ; le tout bien échaudé à l'eau bouillante,
et tenu bien proprement.

Le laboratoire ou la pièce où on manipule le miel, doit être bien fermée, mais éclairée à une exposition chaude, ayant un poêle pour la chauffer, si la saison n'offre pas assez de chaleur. Si on se sert de ruches vulgaires, on les vide entièrement après les avoir transvasées, en se servant d'abord du couteau droit pour détacher les gâteaux de la ruche dans son pourtour, et ensuite du couteau à lancette pour les trancher au fond. Avec les ruches perpétuelles, plus commodes à récolter, on sépare le chapeau du cylindre, en tranchant à travers; après avoir ôté toutes les traverses de bois qui sont au bord du cylindre, on détache les gâteaux tout autour avec le couteau droit, et on les fait tomber d'un bloc dans une terrine; on détache ensuite ce qui reste au chapeau, en ayant l'attention de ne point les briser.

Pour obtenir de beau miel, on le trie de trois sortes; le miel vierge ou superfin, le miel première qualité, sans pression, et le miel commun ou pressé. Le miel vierge s'obtient en choisissant les gâteaux les plus blancs que l'on nomme coussins, parce qu'ils se trouvent sur les deux côtés latéraux de la ruche; ils ont peu d'étendue en superficie, mais plus épais que les autres. On les divise avec les doigts dans les tamis sans les presser, après s'être assuré en passant l'ongle dessus que le miel qu'ils contiennent est très blanc; s'il présente une teinte jaune, on les porte à la première qualité. On expose ces tamis sur des ter-

rines au soleil, derrière une croisée vitrée. Si la
température n'était pas chaude ou que le soleil
soit couvert, il faudrait allumer le poêle et
chauffer la pièce à 15 degrés de Réaumur. Le
miel sortant de lui-même des gâteaux les plus
purs, qui ne doivent contenir ni couvain ni polen, sera mis à part dans des pots de grès éti-
quetés *superfin*. Je préviens qu'on en tirera fort
peu de cette qualité, si on le fait tel que je l'indique, sans la moindre pression; mais il sera très
blanc quand il sera raffermi, en le déposant dans
une cave fraîche.

Le miel première qualité, qui est presque
aussi bon que le précédent, à la différence près
qu'il est plus jaune, se fait en brisant les gâteaux dont on a tiré le superfin dans les tamis
ou mannes que l'on pose au-dessus des terrines
ou baquets supportés par des tringles de bois.
On prend tous les gâteaux contenant du miel,
excepté ceux qui sont trop noirs, on en retran-
che toutes les parties où il se trouve du couvain
ou du polen, qui est une matière jaune foncé,
dure et extrêmement amère; on jette tous ces
déchets dans un baquet séparé pour la cire à
fondre; on casse par morceaux tout ce qui reste
de bon, et on le dépose dans les tamis qu'on
laisse égoutter pendant quatre heures. Lorsqu'il
ne passe plus que peu de miel, on vide les tamis
dans la chausse de canevas que l'on a placée dans
le pressoir, pour en extraire le reste, qui entrera
dans le miel commun. Tout le miel passé dans

les terrines ou baquets, sera versé dans des pots ou des barils, et déposé de suite à la cave.

On fait le miel commun en brisant indistinctement tous les gâteaux restans, excepté ceux qui ne contiennent pas de miel : ils ont dû être mis à part pour la fonte, et après les avoir laissé égoutter, on porte le tout au pressoir pour en exprimer ce qui y reste de miel. Il n'aura aucun mauvais goût, si l'on n'y a laissé ni couvain ni polen, mais il sera moins fin.

Dans les campagnes on fait une dernière qualité, en réunissant tous les résidus pressés à froid ; on les divise en petites parties, que l'on met dans un grand vase chauffer au bain-marie dans une chaudière pleine d'eau ; la chaleur attendrit la cire, et lorsqu'elle est mollette sous le doigt, on remet au pressoir pour la dernière fois. On en tire du miel très brun et âcre au goût, mais qui sert à faire des médicamens pour les bestiaux et à prendre en lavemens : je n'en fais point de cette sorte, je préfère porter la cire pressée devant le rucher, avec tous les ustensiles qui ont servi à la confection du miel ; en deux journées les mouches ont tout démiellé et emmagasinent de bon miel en place du mauvais que l'on aurait tiré.

Tous les miels doivent être écumés huit jours après leur confection ; le miel fin ne laisse monter qu'une écume très légère, qui ne se renouvelle point quand elle a été enlevée ; mais le miel commun a besoin de l'être plusieurs fois, parce qu'il est moins pur. Celui que l'on a entonné dans des barils ne pouvant l'être, on doit le bien bonder et mettre les barils sur un fond ; le peu d'écume qui s'y fera montera au fond opposé, et s'y figera lorsque le miel se raffermira. Lorsqu'on défoncera les tonneaux pour le débiter ou l'employer, on râclera cette écume, et le miel se trouvera dessous dans sa plus grande pureté.

Le public demande du miel très blanc, et tout le monde ne sait pas que les abeilles n'en font point d'un blanc pur; le plus beau conserve encore une teinte paillée. Il est des années où on le recueille plus blanc les unes que les autres ; il en est de même de différens pays : en Bretagne et dans la Sologne, où on cultive en grand le blé noir ou sarrasin, le miel y est noir et de très mauvais goût ; dans le Languedoc et le Gatinais, il y est blanc et excellent ; mais en tous pays les soins qu'on apporte à sa confection contribuent beaucoup à sa pureté ; j'ai du miel chez moi, gardé depuis trois ans, qui conserve sa fermeté et n'a souffert aucune altération, tandis que celui que je vois chez la plupart des marchands, fermente aux premières chaleurs, s'aigrit et se décompose, parce que, fait sans soins par des paysans qui n'ont point les ustensiles nécessaires, il contient des parties de polen et de couvain, et est souvent mêlé des qualités inférieures qui gâtent les bonnes.

Je ne terminerai pas ce chapitre sans prévenir qu'il y a des vendeurs qui, pour donner plus de mine à leur miel, y mettent de la farine ; cette fraude, en lui donnant de l'apparence, contribue à le faire gâter, parce que la farine est une substance fermentescible : il est facile de la découvrir ; en faisant dissoudre de ce miel dans de l'eau, la farine se déposera au fond ; mais il est un autre moyen que je connais, moins grossier et plus dangereux, et qu'un chimiste seul peut découvrir par la décomposition : c'est un acide vénéneux qu'on mêle avec le miel, en très petite quantité ; en le manipulant, on fait par ce moyen venir le miel le plus jaune, blanc comme la neige, mais il faut le vendre promptement, car au premier printemps il bouillira comme du vin doux dans une cuve, et s'il satisfait les yeux de l'amateur du miel blanc, c'est aux dépens de sa santé, parce qu'il a perdu toutes ses qualités bienfaisantes pour en prendre de nuisibles.

CHAPITRE XIII.

DE LA FONTE ET REFONTE DE LA CIRE.

La cire ne doit point être gardée après l'extraction du miel ; cette opération se faisant ordinairement en été, le papillon de teigne y déposerait ses œufs dont les vers ne tarderaient pas à la dévorer. On doit procéder à sa fonte, et lorsqu'elle est cuite et convertie en pain, elle n'a plus rien à craindre et peut être gardée autant qu'on le veut.

Pour faire la première fonte, on met dans un chaudron d'airain trois pouces d'eau; on y dépose la cire démiellée qui a dû être divisée par petits morceaux, et l'on y réunit les gâteaux vides de miel qu'on a mis à part en vidant les ruches. Le chaudron mis à la crémailler sur le feu, on remue continuellement la cire avec une spatule de bois, jusqu'à ce qu'elle soit entièrement fondue, en entretenant un feu modéré, pour ne pas brûler la cire sur les bords du chaudron. Lorsqu'on a ajouté autant de gâteaux qu'il peut en contenir jusqu'à deux pouces des bords, on la laisse bouillir à peu près pendant un quart-d'heure. Le pressoir tout prêt, garni de son tiroir ou réceptacle dans lequel on a mis un pouce de haut d'eau bouillante, on a un sac de forte toile et d'un tissu très serré que l'on trempe dans l'eau bouillante, on y verse le contenu du chaudron et on lie le sac par l'ouverture avec une bonne corde; après avoir mis par-dessus le sac les pièces du pressoir, on descend la vis et l'on serre à plusieurs reprises jusqu'à ce qu'il n'en sorte plus rien. Une demi-heure après on desserre le pressoir, on retire le marc resté dans le sac que l'on jette sur le fumier, et l'on trouve dans le tiroir la cire flottante sur l'eau qu'on y a versée. On la retire avec une écumoire, on la lave à l'eau froide et on la casse en morceaux après l'avoir laissée égoutter. Si on en a une grande quantité, il faut répéter les

fontes pour ce que le sac peut contenir à **six** pouces de hauteur, plus se presse mal et laisse de la
cire dans le marc. Ceci est la première fonte.

Pour la seconde fonte, que l'on peut faire de
suite ou plus tard, on remet sur le feu un chaudron qui puisse contenir toute la cire précédemment fondue, jusqu'à trois doigts des bords,
parce qu'elle s'enflera avant de bouillir; on y
verse deux pouces d'eau avec la cire concassée;
on la remue avec la pastule, pour qu'elle ne
s'attache pas au vase, et lorsqu'elle sera prête à
bouillir, on l'écumera jusqu'à ce qu'elle de-
vienne limpide et qu'elle ne jette plus de crasse.
Alors on la versera dans de grands plats **très**
profonds, dans lesquels on aura mis un pouce
d'eau bouillante; on les couvrira de planches,
et après les avoir déposés sur du bois, on les
enveloppera de couvertures, afin qu'ils refroi-
dissent lentement. Vingt-quatre heures après, la
cire est entièrement refroidie; on découvre les
plats; en les versant sens dessus dessous, la cire
s'en détachera d'elle-même, parce qu'elle s'est
resserrée en refroidissant; on prendra le **pain**
tout formé, et avec un couteau on en râclera
le dessous, pour en faire tomber la crasse, **que**
l'on nomme *le pied,* jusqu'à ce que la cire pa-
raisse à sa couleur naturelle, qui doit être d'un
beau jaune citron, si elle n'a pas été trop cuite
et qu'elle soit bien épurée.

Les pains de cire peuvent être de différens
poids, suivant la quantité qu'on en recueille;

mais je préviens que dans le commerce ou préfère les plus forts; on peut les fondre de douze à vingt-quatre livres : les ciriers choisiront les derniers.

CHAPITRE XIV.

DE LA DYSSENTERIE, DE LA FAUSSE TEIGNE, DU COUVAIN AVORTÉ.

Je ne connais point aux abeilles d'autre maladie que la dyssenterie; c'est ordinairement vers la fin de mars ou le commencement d'avril que quelques ruches en sont attaquées ; on s'en aperçoit par des déjections couleur lie de vin, qu'elles laissent échapper, qui font des taches de la grandeur d'une lentille, sur les traverses des vaisseaux et sur le tablier. Lorsque la maladie est à sa naissance, on peut la guérir en donnant aux mouches, sur une assiette, du miel fondu dans une portion égale de vin vieux et du sel de cuisine, auxquels on ajoute un peu d'eau-de-vie. Cette maladie, provenant de faiblesse et de délabrement, ce tonique les restaurera, et l'on verra en peu de jours cesser les progrès du mal.

Il n'en est pas de même de la fausse teigne. Cette vermine, qui est le plus grand fléau des possesseurs d'abeilles, n'a point de remède connu. Les ruches y sont exposées depuis le mois d'avril jusqu'au mois d'octobre, et si elle s'y est une fois introduite, elle perdra indubitablement la ruche, en dévorant la cire, si on ne trouve pas le moyen de l'extirper. Dans les ruches d'une seule pièce, c'est impossible, parce qu'on ne peut atteindre le haut ni le centre, où la teigne commence à s'établir, sans détruire la totalité. Avec la ruche perpétuelle, lorsque l'on aperçoit des filamens dans une partie, on peut détacher le cylindre qui les recelle, rejoindre les autres et en ajouter un vide par le bas; si on n'a point vu de traces dans les autres cylindres, cette opération sauvera la ruche; mais si les autres parties en sont infectées, il faut la transvaser à tous risques, pour sauver ce qui y reste, parce que c'est une ruche perdue.

On connaît la présence de la teigne par une grande agitation des abeilles, que l'on voit sortir de leur ruche chargées de butin, et principalement par des fragmens de gâteaux et une assez grande quantité de cire en poudre, mêlée d'excrémens de teigne semblables à la poudre à canon, qui tombent sur le tablier. Si je ne connais pas de moyens pour la détruire, je crois qu'on peut la prévenir, en ne laissant qu'une seule ouverture aux ruches pour le passage des mouches, et en les tenant hermétiquement fermées et lutées dans toutes les parties. Les abeilles n'ayant qu'un poste à garder, le défendront plus facilement contre l'invasion du papillon. La ruche, qui aurait été infectée de vers de teigne, peut, après avoir été vidée et nettoyée, servir à recevoir d'autres essaims. en ayant l'attention de la bien fumer à la vapeur d'un feu clair.

Il est encore un accident fréquent dans de certaines années, c'est le couvain gâté ou avorté dans les alvéoles; il finit par s'y corrompre et empoisonner la ruche. On peut s'en apercevoir à la mauvaise odeur qu'elle exhale. Il faut alors enfumer la ruche par le bas, pour faire monter les abeilles vers le chapeau, et détacher ensuite les cylindres du milieu pour en supprimer les gâteaux infectés, réunir après l'opération les parties saines ou ajouter de nouveaux cylindres. Cette manœuvre est délicate et ne réussit pas toujours, mais si on ne la fait pas, la ruche est perdue.

CHAPITRE XV.

DES INSTRUMENS ET USTENSILES NÉCESSAIRES A LA CULTURE DES ABEILLES.

Tout cultivateur d'abeilles doit indispensablement avoir un camail pour se mettre à l'abri des piqûres en travaillant aux ruches; un flacon d'alkali volatil dans le cas où il serait piqué; un enfumoire ou des poupées de vieux linge pour faire monter ou descendre les mouches; un trépied ou au moins une romaine à cadran pour les peser; deux griffes pour les enlever ou les transporter; deux tranchans pour détacher les gâteaux; des tamis, terrines et baquets pour recevoir le miel; un pressoir garni d'une chausse de canevas pour l'exprimer; un chaudron d'airain pour fondre la cire; un sac de toile la plus forte et la plus serrée pour la passer, que l'on mettra sous le même pressoir pour presser le marc.

Le camail se fait en toile grise et légère, en façon de blouse à manches, ayant un capuchon joint au collet, qui enveloppe la tête, au-devant duquel est cousu un masque en toile métallique, très bombé en avant, qui couvre la figure depuis le front jusqu'au-dessous du menton; je me sers de ces calottes que l'on vend pour couvrir les plats de dessert : en les pressant sur les bords on leur fait prendre la forme ovale. Il faut que la blouse se termine au-dessous des hanches et y soit serrée par de forts cordons dans une coulisse; les manches doivent avoir également une coulisse pour être serrées aux poignets par des cordons; on peut mettre dessous des gants de laine plucheuse ou en daim épais. Il faut que tout le camail ait de la largeur et qu'il ne laisse pas la plus petite ouverture, parce que les mouches sauraient bien la trouver. Ainsi vêtu, et de bonnes guêtres ou bottes bien ficelées au bas du pantalon, on ne doit pas craindre la colère des abeilles, en eût-on cinq cents sur soi.

Comme il est possible qu'en approchant du rucher sans camail, on soit piqué par une mouche
revenant des champs, on doit se prémunir d'un
petit flacon d'alkali volatil à bouchon de cristal.
Dans ce cas on arrache l'aiguillon, s'il est resté
dans la piqûre; on presse la plaie avec les doigts
pour en faire sortir le venin, et on y applique à
plusieurs fois de l'alkali avec le bouchon du flacon. A défaut d'alkali on emploie de l'eau de
chaux, le jus de l'éclair, du vinaigre ou du miel.

L'enfumoire, pour chasser les abeilles, se fait
avec une boîte de tôle de huit à neuf pouces de
longueur sur moitié de largeur et quatre pouces
de hauteur; elle doit avoir la forme d'un ovale
ou d'un losange obtus; le fond doit être garni
d'un petit gril en fil de fer, pour que le feu ne
s'étouffe pas; le dessus doit être le couvercle
fermant très juste; l'un des bouts se termine par
un tuyau de largeur à y introduire le bout d'un
soufflet, et l'autre par un second tuyau d'un
pouce de diamètre pour la sortie de la fumée,
auquel on puisse y en adapter deux accessoires;
savoir, l'un rond et coudé, et l'autre droit et apla-
ti. Le premier servira à introduire de la fumée
du haut en bas de la ruche, par le trou de l'é-
vaporatoire, le second à jeter la fumée en nappe
par l'entrée des abeilles. Pour s'en servir, on met
un peu de petite braise allumée sur le gril, on
y jette de la fiente de vache bien séchée, et après
l'avoir fermé, on l'emmanche dans le bout d'un
soufflet de chambre et l'on souffle très douce-

ment et à plusieurs reprises. Si on n'a pas d'enfumoire, on fait des boudins très serrés avec de mauvaise toile que l'on allume par un bout sans laisser venir de flamme, et l'on souffle avec la bouche. Pour obtenir plus de fumée on les trempe dans de l'écume de cire ou des gâteaux broyés.

Le trépied à peser les mouches est composé de trois montans de bois blanc de quatre pieds et demi de hauteur, retenus à deux pieds du bas par un cercle de deux pieds de diamètre, et assemblés par le haut dans un plateau rond de quinze à seize pouces qui doit s'y encastrer et être retenu par un débordement. Au centre de ce morceau de bois doit passer une branche de fer de six lignes en carré, terminée par un crochet en dessous, et surmontée d'un pas de vis de la longueur de huit pouces, recevant un écrou à deux poignées, qui fait monter ou descendre le crochet à volonté. On place au crochet une romaine à cadran, à laquelle pend trois cordes, terminées chacune par un crochet de gros fil de fer. Lorsqu'on veut peser une ruche, après avoir ôté le surtout et fermé l'entrée des mouches, on passe par-dessus le trépied tout monté, on accroche les trois cordes aux trois crampons, qui sont dans l'épaisseur du tablier, et en tournant l'écrou, on enlève insensiblement la ruche et le tablier de dessus ses calles. L'aiguille de la romaine indique le poids général, duquel il n'y a à défalquer que celui du tablier et du vaisseau vide, que l'on a dû connaître et inscrire quand on y a reçu les mouches.

Les griffes sont deux poignées en fer à peu près semblables à celles dont se servent les cuisinières pour placer les chaudrons à la crémaillère; elles doivent avoir six à sept pouces de longueur sur quatre pouces d'écartement; les crochets qui les terminent, un pouce de courbure, autant d'écartement et très pointus pour pouvoir s'implanter facilement dans les rouleaux de paille. Les branches doivent être légèrement courbées en dehors des crochets pour isoler les mains du corps de la ruche. On enfonce les crochets dans le second rouleau de paille par le bas de la ruche des deux côtés, et par ce moyen on peut porter la plus lourde, sans craindre aucun accident.

Mon pressoir est composé d'une maie de dix-huit pouces sur chaque face, sur huit de hauteur, en bois de trois pouces d'épaisseur, et supporté par quatre pieds de six pouces de hauteur, deux de chaque côté à droite et à gauche. Le fond à claire-voie, fait avec des bandes de bois, de fil et sans nœuds, de deux pouces sur champ sur un pouce de large, placées à trois lignes de distance les unes des autres, et assemblées dans les deux côtés de la maie à quinze lignes de profondeur. Le devant de la maie a six lignes de moins par le bas que les trois autres côtés, et à six lignes du bord intérieur de ceux-ci, règne une rainure dans laquelle entre un tiroir en fer-blanc de quatre pouces de profondeur, qui reçoit tout ce qui est pressé sans qu'il s'en puisse perdre une goutte. Deux jumelles de dix-huit pouces de hauteur, composées chacune de deux pièces de cinq pouces de largeur sur un et demi d'épaisseur, appliquées l'une sur l'autre, assemblées à queue d'aronde à moitié bois dans les deux côtés de la maie et retenues par deux boulons; ces deux jumelles reçoivent, à six pouces du haut, une traverse de cinq pouces de largeur sur trois d'épaisseur, assemblée de chaque bout dans les jumelles à trois tenons et taraudée au milieu pour recevoir une vis en cormier de trois pouces de diamètre, qui descend sur un billot carré de trois pouces d'épaisseur, qui couvre la motte des objets pressés. La vis est percée à la tête d'un trou dans lequel je passe une barre de fer ronde d'un pouce, que je fais quelquefois ployer sans accidens pour le pressoir.

CHAPITRE XVI.

DES SOINS A DONNER AUX ABEILLES PENDANT LE COURS DE L'ANNÉE.

L'année pour la culture des abeilles commence au mois d'octobre, époque où la nature entrant dans le repos, elles cessent toutes espèces de travaux et ne vivent plus que des provisions précédemment amassées.

Au commencement de ce mois on doit peser toutes les ruches, les mères comme les essaims de l'année, pour savoir quelles sont leurs ressources pour l'hiver qui s'approche. Chaque ruche doit être numérotée sur un registre ; on doit porter à chaque n° le poids de la ruche. Toutes celles qui ne pèsent pas trente livres brut, c'est-à-dire le vaisseau et les mouches compris, doivent être alimentées ; au-dessus de ce poids (pour les ruches perpétuelles seulement, les autres étant plus pesantes, doivent être calculées en conséquence), elles peuvent s'en passer pour l'hiver. On doit donner aux ruches pauvres deux ou trois livres de miel ou cassonade commune à défaut de miel, par portions d'une demi-livre à la fois, en répétant cette dose tous les quatre ou cinq jours. On graissera par avance les fils de fer qui conduisent les plateaux des tabliers avec du suif ; on les descendra le soir, et on y déposera sur chacun une assiette contenant le comestible ; si c'est du miel ou un sirop quelconque, on le recouvrira d'un papier criblé de trous d'une ligne ou deux : on peut en percer vingt-cinq à la fois avec un emporte-pièce ; si c'est de la cassonade, ce n'est pas nécessaire. Pour les ruches qui posent sur des tabliers d'une seule pièce, on les penche doucement de côté pour y placer les vivres : les mouches enlèveront ces provisions et les déposeront dans les alvéoles du haut de la ruche. En étendant cette précaution à toutes celles qui sont dans la disette, il est rare qu'il y ait du pillage; si cependant, par un soleil chaud, on s'apercevait qu'il y en eût, il faudrait retirer les assiettes le matin pour les remettre le soir, ou fermer l'entrée des ruches. Ces différens soins peuvent s'étendre au mois suivant, si la saison le permet; mais une fois les gelées commencées, on ne doit plus toucher aux ruches.

On doit à cette époque, avec un poinçon, déboucher tous les trous de l'évaporatoire et nettoyer avec un plumeau l'intérieur des tabliers; visiter les surtouts avant les pluies, et remplacer ceux qui sont en mauvais état; vers le 15 du mois, reporter toutes les ruches à l'exposition du nord, pour les ruchers qui en offrent la facilité, en évitant de briser la propolis qui lute la ruche au tablier et qui la préserve du froid et de l'introduction des vermines. C'est depuis le commencement de ce mois qu'on se répand dans la campagne pour y acheter des ruches vulgaires, lorsqu'on veut monter un rucher; on doit attendre les premières gelées pour les faire transporter.

Pendant les mois de décembre et janvier, il n'y a rien à faire aux ruches, que de tenir les entrées fermées pour les empêcher de sortir à un rayon de soleil, excepté le cas des chutes de neige, dont il faudrait les dégager. Cependant, dans le cas où une ruche manquerait absolument de subsistances, il serait inutile de lui en présenter sur le tablier, parce que les mouches, faibles et paralysées par le froid, ne descendraient pas pour les prendre ; il faudrait faire fondre du miel dans du vin , que l'on verserait dans un flacon à large goulot : on le couvrirait avec un morceau de toile double ficelé bien serré ; après avoir dévissé la flèche du chapeau , on renverserait le flacon dans le trou de l'évaporatoire , et les abeilles qui , dans cette saison , se tiennent au haut de la ruche, pomperaient la liqueur à travers le linge.

En février et mars, il faut se méfier des rayons du soleil pour les ruches exposées au midi ; les abeilles , trompées par sa chaleur momentanée , sortent et sont saisies bientôt par le froid qui les engourdit , et ne pouvant rentrer à leur ruche, elles périssent le long des chemins ; on évite ces accidens en tenant l'entrée des ruches fermée depuis dix heures du matin jusqu'à trois heures ; passé ce temps, on leur rend l'air et la liberté, qui leur sont indispensables.

Vers la fin de février ou le commencement de mars, on pèse de nouveau les ruches pour s'assurer si les provisions qui leur restent peuvent les conduire jusqu'au mois de mai. Au-dessous de vingt-cinq livres brut, il faudrait les alimenter, comme on l'a fait avant l'hiver, en ôtant tous les matins l'assiette qu'on aurait mis la veille, parce que dans cette saison le pillage est plus fréquent par les mouches étrangères. Au quinze mars, par un beau jour, on fait la petite récolte de cire ; on enfume les ruches qui sont pleines

jusqu'au bas, on les pose renversées sur le t
bouret percé, et l'on ôte de cinq à six pouces
cire, autant qu'elle ne contient ni miel ni cou
vain, qui ne doivent jamais être attaqués. Cet
opération donne un peu de profit au propriétai
et rend les mouches plus ardentes au travai
trois mois après elles auront tout remplacé. E
les remettant sur le tablier, qu'une personn
aura nettoyé et frotté avec une éponge imprégn
d'eau-de-vie, on y ajoutera le quatrième cylir
dre pour les compléter et leur donner de l'e
pace pour les travaux qui se feront jusqu'à
récolte.

En avril, on reporte les ruches qui ont é
placées au nord en hiver, à l'exposition du mid
pour celles qui sont restées en place, on pe
les déplacer pour les remettre dans l'ordre qu'c
jugera convenable. Cette translation se fait mie
par un temps couvert; les mouches, moins di
posées à sortir, s'apercevront moins du chang
ment de place. Généralement on ne doit dépl
cer les ruches qu'à l'entrée ou à la sortie de l'h
ver; dans tout autre temps les abeilles se metta
en désordre, retournent à la première place po
y trouver leur ruche qui n'y est plus, et beaucou
désertent. C'est aussi le moment de conduire l
abeilles au pâturage pour ceux qui cultivent
grand et dont la localité le permet.

Les essaims de l'année précédente et les mèr
ruches qui seraient d'un poids excédant ci
quante livres et très peuplées de mouches, dar

les perpétuelles, peuvent être récoltées du cylindre supérieur avec son chapeau, à moins qu'on préfère en tirer un essaim artificiel, que l'on ferait un mois plus tard. Dans les deux cas, on remplacerait le cylindre enlevé par deux vides en dessous, pour mettre les ruches au complet; cela n'empêcherait pas la récolte ordinaire aux mois de juillet ou d'août.

Les mois de mai et juin étant l'époque des essaims, on doit s'être approvisionné de nouveaux vaisseaux pour les recevoir, et en avoir toujours un quart en plus que le nombre présumé. Il n'y a plus de grands soins à donner aux abeilles; la campagne leur procure la plus grande abondance; les travaux dans les ruches avancent à vue, et le couvain naît par milliers; mais le moment de la captivité est arrivé pour le propriétaire; il faut être en permanence au rucher depuis neuf heures du matin jusqu'à cinq heures du soir pour surveiller la sortie des essaims; après les avoir gardés huit jours inutilement, cinq minutes d'absence sont le moment où un premier essaim part et s'en va dans les bois. Cependant un rucher, placé dans un enclos bien fourni d'arbres à fruit et environné par un pays découvert, laisse plus de sécurité au propriétaire; il faut encore les garder, mais il est rare que les essaims ne se fixent pas d'eux-mêmes aux arbres qui les environnent.

Passé le 15 de juillet, les essaims n'ont plus de valeur, parce que la campagne n'offre plus assez

de ressources pour les provisions d'hiver, et le
grands travaux des abeilles cessent, alors on s
dispense de les garder. C'est à cette époque q
l'on fait le transvasement des ruches vulgaire
dans les ruches perpétuelles, et que l'on opèr
de suite le dépouillement des premières; la sai
son étant ordinairement chaude, le miel sor
avec plus de facilité. Si la fin de l'été et l'automn
ne sont ni trop secs, ni trop pluvieux, les mou
ches transvasées, en réunissant deux ruches e
une, fourniront des vaisseaux bien pleins l'anné
suivante; dans le cas contraire, il est rare qu
l'opération réussisse. On peut à la même époqu
ou le mois suivant, après le massacre des bour
dons, enlever le cylindre supérieur avec le cha
peau des ruches perpétuelles : c'est le momer
des grandes récoltes.

Le mois de septembre est consacré à la vent
des miels et de la cire, et à nettoyer et remettr
l'ordre dans le rucher, que les récoltes en o
fait disparaître.

On doit maintenir en tout temps la plus grand
propreté, ne jamais laisser croître les herbes q
encombreraient et masqueraient l'entrée des ru
ches; les abeilles arrivant des champs chargé
de provisions, s'y heurteraient, tomberaient
ne se releveraient qu'avec beaucoup de peine.
faut souvent visiter le rucher pour en écarter l
souris, mulots et musaraignes qui cherchent
s'y introduire, principalement en hiver, pou
manger le miel, et surtout faire la guerre au

mésanges et autres oiseaux, qui sont de grands destructeurs d'abeilles.

C'est par tous ces petits soins, plus attentifs que dispendieux, qu'on conserve un rucher et qu'on le voit prospérer. Ils sont à la portée de tout le monde, du riche amateur comme du pauvre cultivateur, et même du journalier. C'est principalement pour offrir un peu d'aisance à ces deux dernières classes, que je me suis décidé à rédiger cette instruction : je la crois à leur portée ; ils peuvent faire eux-mêmes tout ce qu'elle renferme avec un modèle et peu de dépense, et le plus pauvre habitant des campagnes peut cultiver dans son jardin une douzaine de ruches, en commençant par une, et même s'étendre à un plus grand nombre, s'il veut renoncer à l'usage désastreux d'étouffer les abeilles pour les récolter, ou de les vendre à des marchands, qui gagnent beaucoup sur eux et qui en font autant.

Je serai trop payé si mes observations peuvent amener un heureux résultat; je n'ose l'espérer, parce que, pour y parvenir, il faut vaincre et renverser l'empire de la routine.

EXPLICATION DES FIGURES.

Figure 1ʳᵉ, (*planche* 69-70-71). Ruche perpétuelle complète, recouverte de son surtout A, surmonté d'un pot renversé B , et placée sur son tablier C.

D. Cercle de futaille destiné à maintenir le surtout.

Figure 2. Ruche perpétuelle découverte, composée des quatre cylindres B, C, D, E, et de son chapeau A , terminé par l'évaporatoire F , au centre duquel est la flèche G.

Figure 3. Morceau de bois ou clé, pour fermer à volonté l'entrée des mouches.

Figure 4. Evaporatoire vu de profil avec sa flèche, dans l'échelle de proportion des ruches.

Figure 5. Plan de l'évaporatoire sur une dimension double de l'échelle, pour que l'on voie la position des trous. Au-dessus, sa flèche.

Figure 6. Hausse en bois tourné et creusé pour entrer dans la flèche et l'allonger de quatre pouces, pour que le surtout reste à la même hauteur lorsque la ruche n'a que trois cylindres.

Figure 7. Cylindre séparé, vu en perspective, où l'on aperçoit les cinq traverses de bois placées au rouleau supérieur, pour retenir les gâteaux et en faciliter la séparation lors de la récolte.

Figure 8. Surtout ou paillasson destiné à couvrir les ruches, pour les abriter des pluies, où l'on voit les deux cercles de fil de fer A, B, qui les lient en l'étui C, qui doit être enfoncé dans la poignée liée et traversée ensuite par la cheville D.

Figure 9. Tablier ou support des ruches.

A. Pourtour.

B. Plateau détaché par un trait de scie tournante, descendant et remontant à volonté, pour passer de la nourriture et nettoyer en hiver sans déranger les ruches.

C. Coulisse commençant à moitié épaisseur de la palette, et se terminant à rien au centre du plateau.

D. Trois gros fils de fer, fixés dans le pourtour, qui passent dans des trous faits au bord du plateau, pour servir de conducteurs, jusqu'aux crochets qui les terminent et arrêtent le plateau.

E. Trois crampons enfoncés dans l'épaisseur du bois, servant à accrocher des cordes pour peser toute la ruche.

F. Petit fléau qui s'engage dans deux crochets en sens inverse GG, enfoncé en dessous du pourtour. Ce fléau tient le plateau au niveau du tablier; quand on veut le descendre, on décroche le fléau d'un coup de pouce.

H. Crampon de fort fil de fer qui sert à maintenir avec la main le plateau, pour le faire descendre ou monter lentement et sans secousses.

I. Quatre pieds d'un pied de hauteur fixés dans le pourtour du tablier, et assemblés à deux pouces du bas par la croix K.

Figure 10. Métier pour faire les ruches.

A. Plateau plein et rond de seize pouces de diamètre, fixé sur son pied par une vis au point de centre, qui le laisse tourner librement.

B. Douze crampons de fil de fer ployé à deux

lignes d'écartement, enfoncés dans le plateau à distances égales dans un cercle tracé à un pouce du bord.

C. Douze autres pareils, dans un second cercle, tracé à deux pouces du bord. Ces deux rangs de crampons, qui doivent se rencontrer dans le même rayon, doivent avoir chacun dix lignes de hauteur au-dessus du plateau. C'est dans le pouce de distance qu'ils laissent entre eux, que l'on place le rouleau de paille, et à chaque fois qu'ils se rencontrent, on passe une aiguille de fil de fer, qui traverse les deux crampons opposés et le rouleau de paille pour l'y retenir.

D. Cinq trous de trois lignes entre les crampons du cercle intérieur, et six pareils entre ceux du cercle extérieur, pour fixer l'osier en commençant le premier rouleau de paille.

E. Trente-six rainures de trois pouces de longueur, faites à distances égales tout autour du plateau, pour passer l'osier qui lie la paille, en formant trente-six mailles à un pouce de distance pour le tour entier du premier rouleau.

F. Ressort de fil de fer, pareil à ceux qui sont aux manches des parapluies, fixé dessous le plateau, et passant dans une rainure faite à la croix d'assemblage, sur laquelle il repose, pour l'empêcher de revenir de droite à gauche ; la pointe du ressort doit correspondre à un trou fait au plateau, dans lequel elle s'enfonce chaque fois qu'il rencontre une branche de cette croix, pour se redresser ensuite et s'y arrêter.

G. Croix d'assemblage par le haut des quatre pieds, sur laquelle le plateau doit porter en tournant.

H. Seconde croix d'assemblage des pieds à quatre pouces du bas.

I. Les quatre pieds de vingt-quatre pouces de hauteur; ce métier ne convient que pour faire les cylindres des ruches.

K. Métier postiche pour faire les chapeaux, composé d'un cercle de bois fait de six jantes, de onze pouces et demi de diamètre intérieur, d'un pouce de largeur et d'épaisseur, fixé sur le premier métier par six petits bois, hauts de deux pouces, qui y entrent dans six mortaises correspondantes. Les dispositions des crampons et des rainures sont les mêmes qu'au premier; la seule différence consiste à faire les trous qui servent à commencer le rouleau, horizontalement dans l'épaisseur du bois.

Figure 11, (*planche* 72-73-74). Trépied ou machine à peser les ruches.

A. Trois montans en bois léger de quatre pieds et demi de hauteur, sur deux pouces d'écarrissage.

B. Plateau rond de quinze pouces de diamètre sur quinze lignes d'épaisseur, dans lequel sont assemblés les trois montans; au milieu est un trou de deux pouces carrés.

C. Morceau de bois rond de six pouces de hauteur sur trois de grosseur, écarri à deux pouces du bas, pour entrer dans le trou du plateau, et percé au centre dans toute sa longueur d'un trou de six lignes carré.

D. Barre de fer de quinze pouces de longueur, sur six lignes de carré, ayant un crochet au bout inférieur, et terminée par un pas de vis E de six à sept pouces de haut.

F. Écrou à deux poignées, qui fait monter et descendre la vis à volonté. La barre de fer D traverse le morceau de bois C, et sert à suspendre une romaine à cadran G.

Au crochet de la romaine sont attachées trois cordes H, qui sont terminées chacune par un petit crochet I qui agraffe dans les crampons placés dans l'épaisseur du tablier. En tournant l'écrou, on enlève la ruche et son tablier de dessus ses calles, et l'aiguille de la romaine indique le poids.

K. Trois tiers de cercle en fort fil de fer, agraffés dans les montans pour maintenir l'écartement; ils peuvent être remplacés par un cerceau de bois fixé avec des pointes.

Figure 12. Pressoir à miel et à cire.

A. Maie de seize pouces carrés, composée de quatre pièces de bois de chacune dix-huit pouces de longueur, sur sept ou huit de hauteur et deux pouces d'épaisseur assemblées, à queue d'aronde aux quatre coins.

B. Deux jumelles faites chacune de deux pièces jointes et assemblées dans les deux côtés de la maie à queue d'aronde à moitié bois.

C. Boulon qui traverse le tout, serré par un écrou.

D. Traverse de cinq pouces de largeur sur trois d'épaisseur, assemblée dans les jumelles par trois tenons et mortaises, et retenue à chaque bout par une clef en coin.

E. Au milieu de cette pièce est un trou de trois pouces, taraudé pour recevoir la vis.

F. Vis en cormier de trois pouces de grosseur, avec une tête frettée en fer G.

H. Barre de fer ronde pour serrer la vis.

I. Quatre pieds de six pouces de hauteur placés à mortaises et à tenons dans les deux côtés de la maie.

K. Tiroir en fer-blanc de quatre pouces de profondeur, entrant par un rebord ployé en saillie dans une rainure qui règne sur les parois intérieures des deux côtés et du derrière de la maie, à six lignes du bord inférieur.

L. Anses ployantes pour ôter et remettre le tiroir.

M. Motte de miel ou cire en pression.

N. Forte planche pour couvrir la motte.

O. Billot de trois pouces d'épaisseur, recevant l'effort de la vis.

P. Fond à claire-voie, fait avec des morceaux de bois de fil, sans nœuds, d'un pouce de largeur sur deux d'épaisseur, placé sur champ à trois lignes de distance les uns des autres, et assemblés dans les deux côtés de la maie, à moitié épaisseur et à queue à un pouce du bas.

Figure 13. Feuille de zinc bordée de trois côtés d'un fil de fer un peu fort et tranchante du quatrième côté, pour séparer les cylindres des ruches lors de la récolte.

A. Quatre trous faits à distances égales dans un cercle de quinze pouces de diamètre.

B. Quatre chaînettes adhérentes à une traverse mobile C, et terminées par un crochet pointu que l'on place, après avoir tranché les gâteaux, dans les trous du zinc par la traverse, et dans le cylindre de paille par les crochets, pour fermer la partie que l'on veut enlever.

Figure 14. Poignées en fer léger, pour agraffer et transporter les ruches, sans craindre qu'elles échappent des mains, ou se désunissent.

Figure 15. Instrumens tranchans pour détacher les gâteaux dans l'intérieur des ruches et les récolter.

OBSERVATIONS ESSENTIELLES.

La *Société Polytechnique* va prendre ses mesures pour qu'elle puisse fournir des ruches semblables à celles dont on vient de lire la description, et dont on peut voir les modèles à Paris.

Il y en a de deux espèces : les ruches *vitrées* et les ruches en *paille.* Les premières, les plus chères, seront à un prix très modéré, comparativement aux prix des ruches de *Nutt* ; et les secondes à un prix si minime, que tous les agronomes, tous les cultivateurs d'abeilles, voudront sans doute s'en procurer une.

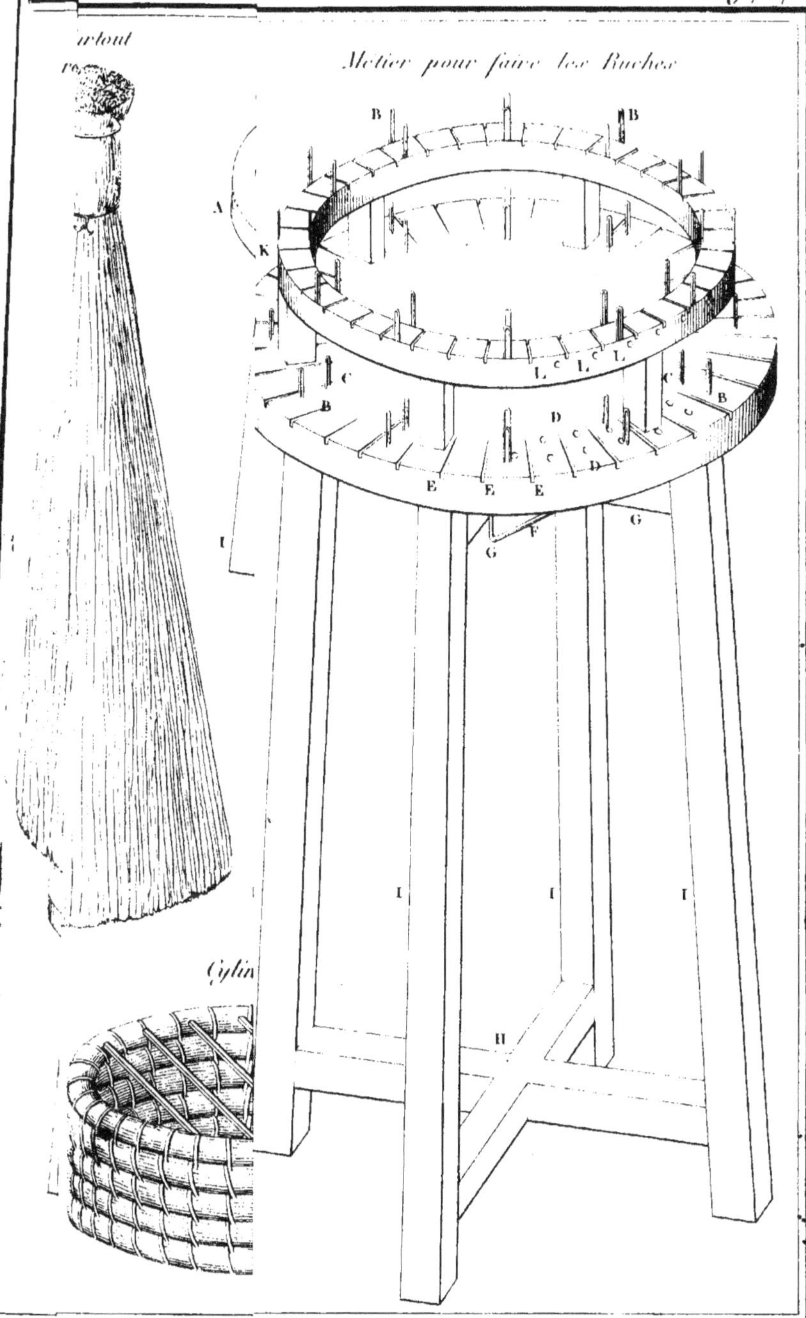
Metier pour faire les Ruches
Cylin...

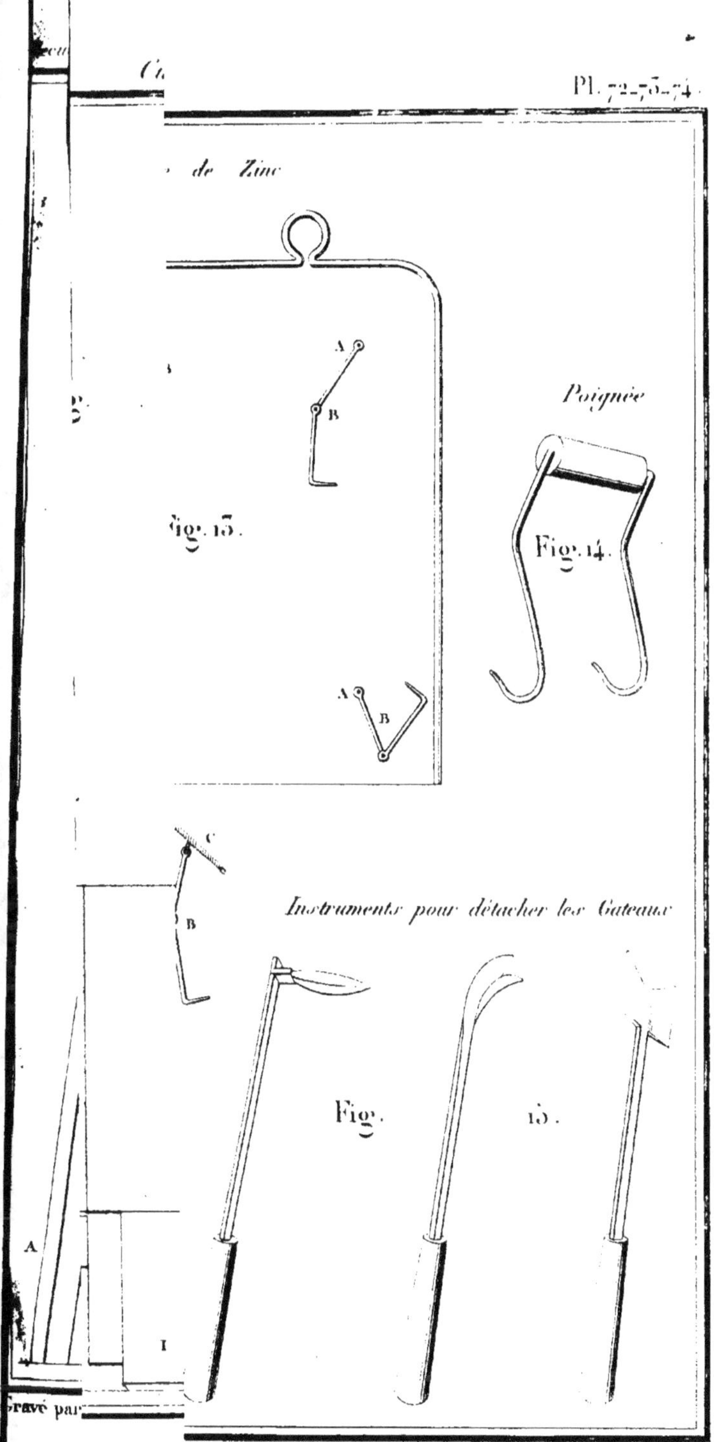
de Zinc
A
B
Poignée
Fig. 13.
Fig. 14.
A
B
C
B
Instruments pour détacher les Gateaux
Fig.
15.
A
I
Gravé par
Dessiné par V. De Moléon.

§. 5. *Avantages que la Société présente.*

11° En étant intermédiaire entre les acheteurs et ceux qui vendent ou exécutent, la Société offre aux premiers et aux seconds des garanties certaines, soit pour le paiement des ouvrages, soit pour l'exécution fidèle des conditions, soit pour la perfection des machines. Les acheteurs n'en paient pas plus cher, et ils sont mieux servis;

12° Elle garantit les avances faites aux mécaniciens, aux ouvriers, et évite des pertes d'argent et de temps.

13° Elle éclaire les industriels sur le bon choix à faire des machines, et celles qui sont dangereuses ou coûteuses, etc.;

14° Elle popularise toutes les découvertes industrielles et agricoles, parce qu'elle ne s'attache qu'à celles dont l'expérience a sanctionné l'utilité;

15° On peut être membre de la Société en souscrivant, soit au *Recueil industriel et des Beaux-Arts*, soit aux *Annales de la Société.*

Un diplôme est envoyé à chaque membre avec l'explication des prérogatives attachées à ce titre.

16° Les droits et prérogatives de chaque membre sont : 1° de pouvoir faire insérer dans les Annales, soit en entier, soit par extrait, selon leur étendue ou leur utilité, les mémoires, avec planches ou sans planches, qu'on veut publier, pourvu que ces mémoires soient relatifs aux matières traitées dans les Annales et que leur contenu soit approuvé par le Conseil de la Société.

2° D'en demander tel nombre d'exemplaires qu'on désire, dont on ne paie que les frais modiques de papier et de tirage, et qu'on distribue pour faire connaître telles inventions ou tels établissemens; 3° d'avoir la faculté de demander à la Société tous les renseignemens qu'on désire, et de jouir d'une remise sur les indemnités à payer pour obtenir ces renseignemens; 4° de pouvoir concourir aux prix fondés dans la Société; 5° d'avoir une remise sur les collections antérieures des Annales; 6° de pouvoir se présenter au bureau de la Société, où on dirige et renseigne chaque membre, pour toutes les affaires industrielles qu'il a à traiter à Paris, dans les départemens ou à l'étranger, etc., etc.;

17° MM. les Préfets des départemens et les Maires des villes qui sont souscripteurs aux *Annales de la Société Polytechnique* ont le droit de faire insérer, soit en entier, soit par extrait, selon l'étendue, les mémoires et documens de diverses natures qui peuvent faire connaître l'industrie, l'agriculture ou le commerce de leur département ou de leur ville; de demander à la Société des renseignemens sur les objets dont la connaissance peut servir aux progrès des industries locales.

Les Chambres de commerce, les Chambres consultatives, les Conseils de prud'hommes, les Sociétés savantes, et en général toutes les institutions existant dans les départemens, peuvent, *dès qu'elles sont abonnées,* se mettre également en rapport direct avec la Société Polytechnique pour obtenir, sur les travaux dont elles s'occupent, les renseignemens dont ces institutions auraient besoin.

18° *C'est surtout lorsqu'on veut fonder un établissement industriel quelconque que la Société Polytechnique est utile. car dans ce cas elle procure, 1° les Modèles en relief de toutes les machines qu'exige l'établissement; 2° les Dessins explicatifs; 3° les Mémoires descriptifs où sont indiqués l'usage des machines, la manière de s'en servir, les meilleurs procédés pour chaque genre d'opération; 4° les Ingénieurs, Mécaniciens, Contre-Maîtres, Ouvriers qui vont sur les lieux établir les machines, montrer les procédés ou former les élèves qu'on place sous leur direction; 5° enfin les Ouvrages écrits ex professo sur l'art ou l'industrie qu'on veut cultiver, — On conçoit qu'avec ces cinq élémens de travail, la création de tout établissement est possible; qu'on évite tout tâtonnement, des pertes de fonds et de temps, et qu'on va droit au but en s'appuyant sur la responsabilité que contracte la Société Polytechnique.*

Toute demande doit être faite franche de port et adressée au Directeur de la Société Polytechnique, rue Neuve-des-Capucines, n° 13 bis.

TABLE DES CHAPITRES.

VERSAILLES. — IMPRIMERIE DE MARLIN.